基礎からわかる

Kotlin

コトリン

富田健二 著

C&R研究所

■権利について

- 本書に記述されている社名・製品名などは、一般に各社の商標または登録商標です。
- 本書ではTM、©、®は割愛しています。

■本書の内容について

- 本書は著者・編集者が実際に操作した結果を慎重に検討し、著述・編集しています。ただし、本書の記述内容に関わる運用結果にまつわるあらゆる損害・障害につきましては、責任を負いませんのであらかじめご了承ください。
- 本書については2021年3月現在の情報を基に記載しています。

■サンプルについて

- 本書で紹介しているサンプルコードは、著者のGitHubリポジトリからダウンロードすることができます。詳しくは5ページを参照してください。
- サンプルコードの動作などについては、著者・編集者が慎重に確認しております。ただし、サンプルコードの運用結果にまつわるあらゆる損害・障害につきましては、責任を負いませんのであらかじめご了承ください。

●本書の内容についてのお問い合わせについて

この度はC&R研究所の書籍をお買いあげいただきましてありがとうございます。本書の内容に関するお問い合わせは、「書名」「該当するページ番号」「返信先」を必ず明記の上、C&R研究所のホームページ(http://www.c-r.com/)の右上の「お問い合わせ」をクリックし、専用フォームからお送りいただくか、FAXまたは郵送で次の宛先までお送りください。お電話でのお問い合わせや本書の内容とは直接的に関係のない事柄に関するご質問にはお答えできませんので、あらかじめご了承ください。

〒950-3122 新潟県新潟市北区西名目所4083-6　株式会社 C&R研究所　編集部
FAX 025-258-2801
『基礎からわかる Kotlin』サポート係

PROLOGUE

世の中にはたくさんのプログラミング言語がありますが、Kotlinは最近開発された言語であり、プログラミング言語が抱えていた課題を多く解決されます。本書では、Kotlin初心者の方でもプログラミングを楽しんでもらえるように構成されています。

Kotlinは、さまざまな開発環境で利用可能で、Android、フロントエンド、サーバーサイド、デスクトップなど、幅広くサポートしています。本書では、すべてに共通するKotlinの言語機能から、クライアント／サーバサイドフレームワークであるKtorについて学習できるように構成されています。

この本を手に取ってもらってKotlinのプログラミングやKtorでの開発についてマスターしてください。

2021年4月

富田健二

この本の対象者

主に次のような方を対象にします。

- Kotlinを基礎から学びたい
- Ktorを用いてアプリケーション開発をしたい
- Kotlinの最新情報をキャッチアップしたい
- Kotlinでサーバーサイドのアプリケーションを開発したい

本書を完了すると、Kotlinの基本的な基盤が整います。経験豊富なプログラマーであれば、CHAPTER 01とCHAPTER 02をスキップして、CHAPTER 03から進むことができます。

逆に次のような方には向かない内容となっています。

- Kotlin Multiplatform、Kotlin Native、Kotlin/JS、Android、Desktopなどのより詳細な開発について学習したい
- Kotlinのフロントエンドの開発について学習したい

本書は、Kotlin 1.4をターゲットにしています。Kotlinのリリースサイクルは、半年ごとに機能リリースする予定なので、最新情報はKotlin公式ドキュメントを参照してください。

必要な環境

本書を読み進めるには、次の環境が必要です。

- macOS Catalina以上
- IntelliJ IDEA Community 2020.1以上(もしくは、IntelliJ IDEA Ultimate)
  - これは、CHAPTER 02、CHAPTER 03、CHAPTER 04のサンプルコードを開発するためです。
- Kotlin Plugin for IntelliJ IDEA v1.4.0 以上
  - IntelliJ IDEA 設定に移動し、プラグインを選択して「Kotlin」で検索すると、インストールされます。
- Java SE Development Kit 8 以上
  - 本書のほとんどのコードは、Java開発マシンまたはJDKが必要なJava仮想マシンまたはJVMで実行されます。

本書の構成

本書の構成は、下記のようになっています。

▶CHAPTER 01「Kotlinの概要」

プログラミング言語のコンセプトや歴史を知る機会はあまり多くありません。コーディングだけではなく、まずは、Kotlinの歴史・現在・未来に触れてみましょう。そうすることで、Kotlinの哲学や思想に触れるきっかけとなります。

▶CHAPTER 02「Kotlinの文法」

コーディングを進める上で最も重要なパートです。とてもボリュームがありますが、背景を理解しつつ学習を進めることができます。本書を通じて、定数、値、型などの基本的な事項について学び、さらにデータクラス、シールドクラスなどのより複雑な事項について学びます。Kotlinの4つコンセプトの中の簡潔性、安全性、相互運用性、ツールフレンドリーについても体感するパートとなります。エレガントなKotlinを体験することでコーディングをするのがきっと楽しくなります。

▶CHAPTER 03「Kotlinの特徴的な機能」

基礎文法からさらに一歩踏み込んで、Kotlinの特徴的な機能を紹介します。それぞれの機能背景やまたさまざまなプラットフォームでKotlinが利用されていることを知ります。この章を通じてさらにKotlinを魅力的に感じること間違いありません。

▶CHAPTER 04「Ktorによるアプリケーションの作成」

いよいよアプリケーション開発が始まります。本章ではKtorとSlackを連携したアプリケーションを開発します。Slackのアプリを作成する必要があり、Slack自体の設定は多少複雑でありますが、ご容赦ください。最終的にはHerokuを用いて、デプロイまで行うので、Kotlinのサーバーサイドについて一貫的な学習ができます。

本書に記載したソースコードの中の▼について

本書に記載したサンプルプログラムは、誌面の都合上、1つのサンプルプログラムがページをまたがって記載されていることがあります。その場合は▼の記号で、1つのコードであることを表しています。

また、誌面上でコードを省略しているところは「…」の記号を記載しています。

サンプルファイルのダウンロードについて

本書のCHAPTER 03とCHAPTER 04のサンプルについては、筆者のGitHubリポジトリで公開しています。

- CHAPTER 03

  URL https://github.com/tommykw/color-sheet-multiplatform

- CHAPTER 04

  URL https://github.com/tommykw/thanks-bank

CONTENTS

CHAPTER 01

Kotlinの概要

CHAPTER 02

Kotlinの文法

CHAPTER 03

Kotlinの特徴的な機能

CHAPTER 04

Ktorによるアプリケーションの作成

CHAPTER 01

Kotlinの概要

本章では、Kotlinの概要について説明します。Kotlinはなぜ誕生したのでしょうか。また、KotlinはなぜAndroidをサポートしたのでしょうか。本章を読み終わると、これらの問いが解決されるとともに、Kotlinの過去・現在・未来という視点でKotlinの概要をつかむことができます。

SECTION-001

Kotlinとは

エレガントなKotlin

Kotlinは、統合開発環境であるIntelliJ IDEAやC#向けのMicrosoft Visual Studioプラグインであるを開発しているJetBrainsが主体となって開発されている言語です。可読性、正確性、開発者の生産性に重点を置いてJavaを改善するプロジェクト向けに開発されました。比較的新しい言語であるものの、完全な機能を備えた強力なプログラミング言語です。拡張関数、ラムダ、Coroutine、標準ライブラリなどの機能により、開発者は高品質のソフトウェアを開発するための必要な全ての機能やツールを利用できます。

また、表現力豊かで簡潔かつ安全に記述できるよう言語設計されています。型推論やデフォルトパラメータなどの機能により、少ないコードで目標を達成できます。さらにデータクラスやオブジェクトクラスにより、単一のキーワードでシングルトンなどの一般的なパターンを表現できます。強い型付け言語であるため、一般的なプログラミングエラーをコンパイル時にキャッチでき、Nullを保持できる参照と保持できない参照を区別できるため、より安全なコードを前もって書くように導かれます。単一のプラットフォームだけでなく、モバイルアプリケーションからブラウザ、さらにデータサイエンスまで、さまざまな用途で利用できます。

Javaとの互換性

Kotlinは、Javaおよび既存のJavaツールとの完全な互換性を保ちながら、JVMで実行できる最新の静的に型付けされたプログラミング言語です。世界で最も急速に成長しているプログラミング言語の1つで、すべてのJavaのエコシステムを利用できます。この言語は、当時、JetBrainsのソフトウェア開発を妨げていたJavaの制限に対応して開発されました。Kotlinの目標は製品の改善に使用することであったため、JavaコードとJava標準ライブラリとの相互運用に非常に重点を置いています。

読者は、すでに持っているJavaスキルを活用して、より良い効果を発揮します。Kotlinの学習曲線は低く、比較的短い時間で言語の大部分を習得できます。KotlinはJavaの拡張機能を維持するように努めてあります。具体的には、Java RecordsやSealedクラスなどの新しいJava APIをサポートするという取り組みも進められています。新しいAPIがシームレスに使えるような互換性を維持しています。

読みやすさが重要であるKotlinからの多少の逸脱があっても、事前の知識がなくても、認識可能な動作をする必要があります。さらに、ほとんどすべてのコードは、型安全性・Null安全性およびボイラープレート削減が改善された結果、読みやすさが向上しています。Goなどの新しい言語とは異なり、KotlinのJavaへの拡張と共存する能力は、既存の慣行に影響を与えることはありません。

マルチプラットフォーム

Kotlinは、マルチプラットフォームに多大な努力を重ねています。Kotlin Multiplatformは、iOS、Android、サーバーサイド、デスクトップなど、さまざまな環境で特定のユースケースを一貫して実装できます。モバイルに特化したプラットフォームとして、Kotlin Multiplatform Mobile（以下、KMM）もその一貫で、AndroidとiOSでコードをより簡単に共有できます。1カ所の変更だけで実行できるため、時間と労力の節約になります。あくまで、ビジネスロジックの共有が推奨されており、ユーザーインタフェースはプラットフォーム固有であるため推奨されていません。ビジネスロジック以外にも、データ管理、ネットワーク通信なども共有コードとして定義できます。

Kotlinエコシステムの安定性レベルは、実験版、アルファ版、ベータ版、安定版の4つに大別されます。KMMの現在の安定性レベル、アルファ版となっています。これは、KotlinチームがKMMに取り組んでおり、製品が迅速に開発されることを意味します。実験版のステータスとは、Kotlinコミュニティ全体がアイデアを試しているところで、うまくいかない場合はいつでも削除される可能性があることを意味します。しかし、Kotlin 1.4のリリース後、KMMはアルファ版となりました。これは、Kotlinチームがこのテクノロジーに対して改善と進化に向けて全力で取り組んでおり、突然、離脱することはないという意味を示します。

4つの哲学

プログラミング言語にはそれぞれ哲学が存在します。たとえば、Pythonには、醜いより美しいほうがいいなどと定義されている「The Zen of Python」という哲学・思想があります。一方、Kotlinは、簡潔性、安全性、相互運用性、ツールの使いやすさの4つの哲学があります。

- 簡潔性
  - 簡潔なのは良いことだが、短いコードだけを指しているわけではない。
  - 短いコードだけでなく、読みやすさの可読性を表す。
  - 短く読みやすいコードは、バグが潜んでいるか判明しやすい。
  - 同じようなコードを書くのは非常に煩わしい。ボイラープレートの削除ができる。
  - 簡潔であることによって優れた表現力を示す。
- 安全性
  - 表現力だけではなく、再利用を含めた安全性。
  - 強力な抽象化を使用できる。
  - Nullポインタ例外を回避できる。
  - 型が正しいことを確認できる。
  - コンパイラが自動でキャストする。
- 相互運用性
  - まったく新しいオリジナルではなく、相互運用性が高い。
  - 既存の知識、既存の専門性を使用できる。
  - Javaのエコシステムライブラリをすべて利用できる。
  - MavenやGradleというすでにあるビルドツールを使用できる。
  - 膨大な数のプラグインを再利用できる。
- ツールの使いやすさ
  - IDEのハイライトやコード補完によって、開発者の幸福や健全性を向上できる。
  - コンパイラによって、より正確なコーディングへ導く。
  - 静的型言語であるので、型安全である。
  - できるだけ多くのバグをキャッチする。
  - IDEのコードタイプシステムは、Alt+Enterなどで簡単に利用できる。

Kotlinにはモダンなアプリケーションを作るための言語というシンプルなビジョンがあります。このビジョンを達成する上で、常に最新の状態を保ち続ける必要があり、「簡潔性」「安全性」「相互運用性」「ツールの使いやすさ」の4つの哲学は実用的であるために必要不可欠です。実際にCHAPTER 02、CHAPTER 03、CHAPTER 04ではコードを交えて紹介するので、ぜひ意識しながらこの哲学に触れてみてください。

Kotlinの歴史

Kotlinプロジェクトの始まり(2010年)

Kotlinプロジェクトは2010年に始まりました。

▶ JVM言語サミットでの発表

2010年にKotlinプロジェクトが開始され、2011年7月、JetBrainsは、JVM言語サミットで1年間、開発されてきたJVMの新しい言語であるKotlinを発表しました。

JVM言語サミットで発表された際の設計目標は次の通りです。

- Javaと相互運用性がある
- Javaと同じくらい高速にコンパイルできる
- Javaよりも安全である
- Javaよりも簡潔である
- Scalaよりもシンプルである

JetBrainsは、長年に渡ってKotlinへの投資を続けており、言語の進化を後押しする原動力となっています。JVM言語サミットでの発表後、1年間はまだKotlinの開発が進み、最初のパブリックリリースは2012年になります。当時から開発をオープンに保ち、また、常にコミュニティと話し合うことで多くのフィードバックを収集していました。そしてパブリックリリース後、Apacheライセンス2.0に基づくOSSとしてリリースされました。

▶ Kotlinを作るモチベーション

当時のJetBrainsによると、新しいプログラミング言語を開発する動機が3つあります。

- 現在利用可能なものよりもより生産的なJVMの言語を望んでいた。Javaなどの既存のソリューションには、最新の言語機能がなく、コンパイル時間が遅いなどの問題があった。
- JetBrainsと開発ツールの構築に関する哲学への信頼が高まることを期待した。
- IntelliJ IDEAの売り上げを伸ばす効果を期待した。

JetBrainsはいくつかのJVMターゲットプログラミング言語のサポートをしていますが、IntelliJベースのIDEのほとんどをJavaで開発していました。IntelliJビルドシステムは、GroovyとGantに基づいており、一部のGroovyはテストにも使用されています。表現力をより豊かに切り替えることで、生産性を高めたいという考えがありました。

同時にJavaの相互運用性、またはコンパイル速度を改善したいという考えから、新しい言語に取り組みつつも、JVM用に構築されたライブラリのエコシステム全体を置き換える計画はありませんでした。したがって、Kotlinで構築されたプロジェクトではSpringやHibernateまたはその他の同様のフレームワークを使い続けることができます。

Kotlin自体の開発ツールは無料でオープンソースですが、エンタープライズ版やツールのサポートは、IDEの商用バージョンであるIntelliJ IDEA Ultimateで利用できます。

▶ Androidの投資へのきっかけ

今日では多くのAndroidアプリ開発にKotlinを利用されていますが、最初からAndroidをターゲットにしていたわけではありません。しかしある日、コミュニティから下記のURLにあるフィードバックが送られ、Androidで利用したいニーズがあることに気付きました。

URL https://discuss.kotlinlang.org/t/kotlin-and-android/50

まったく予想していなかったところから、Issueが上がり、それをきっかけにAndroidへの投資が始まる運びとなりました。

Ⅲ Kotlin 1.0リリース(2016年)

Kotlin 1.0リリースがリリースされたのは2016年です。

▶ JVM、Androidのリリース

開発から6年かかり、待望のKotlin 1.0がリリースされ、JVM、Androidをサポートしました。Kotlinを新しいJVM言語として、または、JVMエコシステムを近代化することを目的としています。JetBrainsは過去2年間に渡り大規模な実際のプロジェクトでKotlinを使用し、本番環境でKotlinを使用している企業も多数ありました。

ではなぜ、1.0に到達するまでにこれほど長い時間がかかったのでしょうか。理由の1つは、実際の設計決定の検証に特別な注意を払ったからです。Kotlinの大きな特徴の1つですが、コンパイラは後方互換性があり、Kotlinの将来のバージョンは既存のコードを破壊してはならないという方針があります。どのような選択をしたとしても、それを守る必要があったためです。

▶ ドッグフーディングとEAP

Kotlinの正式リリースまで6年費やしましたが、その間、JetBrainsではドッグフーディングという手法を用いてKotlinを検証していました。ドッグフーディングとは、ソフトウェア開発で広く用いられているプラクティスです。これは、ドッグフードを販売している企業が「自社で製造しているドックフードを食べる」ように、製品を提供している企業が最初に自分たちでエンドユーザーと同じように製品を使用してテストする検証手法です。

自社製品のユーザーになることで製品の理解が深まり、結果的に製品の良し悪しを知ることに役立ちます。これはユーザーに任せるだけではなく、何がうまくいって、どこに不具合があるのか早期に発見できることから、ユーザーが求める要件やニーズを製品が満たしているのか確認できます。

また、EAP(アーリーアクセスプログラム)と呼ばれるプログラムも活用しており、早い段階でソフトウェアの使用権を無料で提供するという内容です。これによってコミュニティのユーザーが早期にEAPにアクセスすると機能改善に貢献することができ、不具合があれば早期に企業へ伝えることができます。製品の関係者やステークホルダーのみの意見を集めるだけではなく、利用ユーザーとのコミュニケーションによって、製品改善に繋げています。

▶ コミュニティ

Kotlin 1.0リリース時のコミュニティの動きは次のようでした。

- 100人を超えるコントリビュータ
- IntelliJ IDEA、JetBrains Rider、JetBrains Account&E-Shop、YouTrackなど、JetBrains製品にKotlinを使用される
- ひと月だけで1万1000人以上がKotlinを使用する
- 何百ものStackOverflowの回答
- 『Kotlin in Action』と『Kotlin for Android Developers』という書籍が発売される
- KotlinのSlackに約1400人参加
- IntelliJ IDEAやRiderなどのプロジェクトで50万行を超えるKotlinコードが利用される

Kotlin 1.1リリース(2017年)

Kotlin 1.1は2017年にリリースされました。

▶ Kotlin/JSのリリース

JavaScriptターゲットが実験的なものから安定版になり、標準ライブラリの大部分を占めるすべてのKotlin言語機能とJavaScirptの相互運用がサポートされました。これにより、フロントエンド開発で人気のあるReactなどの最新のJavaScript開発フレームワークを使用しながら、アプリケーションのフロントエンドをKotlinに移行できます。なお、Kotlin標準ライブラリは、npmから使用できます。

▶ Coroutine

試験的にCoroutineがサポートされました。Coroutineとはスレッドの軽量な代替手段として利用でき、非同期処理を実装すための非常に表現力豊かなツールであり、ノンブロッキングな非同期コードを簡単に記述できます。

非同期プログラミングが世界を席巻しており、妨げていることは、非ブロッキングコードがシステム的にかなり複雑になることです。一時停止関数を利用すると、処理を中断してスレッドブロックせずにあとで再開できるように設計されています。

▶ Androidアプリの公式言語として採用

Kotlinは、2011年からパブリックリリースされましたが、GoogleがAndroid開発の第一言語としてKotlinを含めることを発表された結果、2017年にその人気が爆発するきっかけとなりました。2019年、GoogleはAndroid開発への「Kotlinファースト」として推進されています。

▶ コミュニティ

Kotlin 1.1リリース時のコミュニティの動きは次のようでした。

- GitHubのOSSプロジェクトは、1000万行のKotlinコードに成長した
- KotlinのSlackコミュニティは1400人から5700人以上に増えた
- Kotlinの書籍やオンラインコースの公開が増えた

Kotlin 1.2リリース(2017年)

Kotlin 1.2も2017年にリリースされました。

▶ マルチプラットフォーム化

Kotlinを真のフルスタック言語にするべく、複数のプラットフォームで同じコードをコンパイルするツールと言語サポートを提供されました。これにより、クライアントだけでなく、サーバーとクライアント間でのモジュールの共有が容易になりました。

そしてKotlin 1.2ではKotlinコードをJVMとJavaScript双方向で共有できるようになったので、ビジネスロジックを一度書けば、バックエンドでもフロントエンドでもAndroidアプリでも利用できます。マルチプラットフォームではcommonと呼ばれる共通部分に共通コードを記述できるようになっており、kotlin.text、kotlinx.html、kotlinx.serializationなどのマルチプラットフォーム用のライブラリが提供されています。なお、注意点としてはマルチプラットフォームプロジェクトは実験的な扱いです。

▶ コミュニティ

Kotlin 1.2リリース時のコミュニティの動きは次のようでした。

- GitHubのオープンソースにおけるKotlinのコード行数は2500万行を超えた
- StackOverflowでKotlinは一番成長している言語かつ一番嫌われていない言語と評価された
- 100を超えるコミュニティグループに成長した

Kotlin 1.3リリース(2018年)

Kotlin 1.3は2018年にリリースされました。

▶ Coroutineの安定化

Coroutineが安定版へ昇格しました。Coroutineは、理解しやすいノンブロッキングの非同期コードを書く方法です。また、バックグラウンドワーカーへのワーカー負荷の軽減から、複雑なネットワークプロトコルの実装まであらゆる用途でパワフルなツールです。kotlinx.coroutinesライブラリは、構築、キャンセル、例外処理、UI固有のユースケースなど、あらゆる規模の非同期ジョブを管理するための基盤を提供します。

▶ Kotlin/Native

KotlinコードをNativeバイナリにコンパイルするKotlin/Nativeベータ版がリリースされました。これによって、Kotlin のマルチプラットフォームは、多くのプラットフォームをカバーできるようになりました。たとえば、AndroidやiOSアプリなどのコンポーネント間でビジネスロジックを共有でき、また、サーバーサイドのロジックを Web やモバイルクライアントとも共有できます。

Kotlin/Nativeは、LLVMを使用し、iOS、Linux、Windows、Mac、さらに、WebAssemblyなど、さまざまなOSやアーキテクチャにKotlinコードをコンパイルできます。また、自動メモリ管理を搭載し、C、Swift/Objective-Cとの相互運用が可能で、Core Foundation、POSIX、ネイティブライブラリなどのプラットフォームAPIが公開されています。

マルチプラットフォーム化はKotlinの大きな目標の1つで、プラットフォーム間でコードを共有できることを目指します。JVM、Android、JavaScript、およびNativeのサポートに伴い、Kotlinは最新のアプリケーションのあらゆるコンポーネントを処理できます。この恩恵として、コードの再利用のメリットが生まれ、すべての作業を2回以上実施することなくより困難かつ本質的な作業中に注力できます。マルチプラットフォームは実験段階ですが、1.3のリリースでは大きな進化といえます。

▶Ktor 1.0のリリース

KtorはCoroutineを使用してHTTPスタック全体を非同期的に実装しており、サーバーサイドやクライアントを構築するための軽量フレームワークです。Ktorの詳細についてはCHAPTER 04をご覧ください。

▶コミュニティ

Kotlin 1.3リリース時のコミュニティの動きは次のようでした。

- 2018年1月以降、約150万のユーザーがKotlinコードを書いた
- 前年と比べても2倍以上に成長した

Kotlin 1.4リリース(2020年)

執筆時点で最新のKotlin 1.4は2020年のリリースです。

▶Jetpack Compose

Kotlin 1.4リリースは、プラットフォームとしてのKotlinの進化における下準備となります。主にプラットフォーム自体の安定化と改善、および新しいコンパイラへの取り組みです。具体的には、Jetpack Composeがアルファ版でリリースされました。Jetpack Composeとは、AndroidのネイティブUIを宣言的に構築でき、React、Flutterなどのフレームワークから触発されたAPI設計になっています。Jetpack Composeに関しては、デスクトップとしてもマイルストーンリリースされています。このJetpack Composeを実行することは、新しいコンパイラに依存しているため、Kotlin 1.4を利用する必要があります。また、Kotlin Multiplatform Mobile(KMM)テクノロジーを使用してAndroidとiOS間でコード共有されるモバイルユースケースを具体的にターゲットとするドキュメントが公開されました。

▶IDEのパフォーマンス改善

このリリースでは、IDEのパフォーマンスと安定性の向上など、主に全体的なKotlin開発体験の向上に注力しました。Kotlinユーザーの生産性を向上することが目的で、IDEのフリーズやメモリリークを引き起こす多くの問題を含め、約60件のパフォーマンス問題を解決しました。Kotlin 1.4 EAPフェーズでは、全体的な使用感が大幅に改善されたことを示す多くのフィードバックも寄せられています。

- 巨大なKotlinファイルを初めて開く際でも、その内容がとても高速にハイライトされる。
- ハイライトは1.5倍から4倍程度に高速化される。
- 自動補完候補が表示されるまでの時間も大幅に改善された。
- コード補完に500ミリ秒超を要するケースの数は約半分に削減される。

▶新しいコンパイラ

Kotlin 1.4以前からパフォーマンスと拡張性の点で、新しいKotlinコンパイラに取り組んでいます。新しいコンパイラの目標は大幅な高速化とKotlinがサポートするすべてのプラットフォームに対してコンパイラを拡張するAPIを提供することです。段階的に導入中で、Kotlin 1.4.0では一部リリースされています。

さらに強化された新しい型推論のアルゴリズムがデフォルトで有効化されました。より多くのユースケースでの型推論、複雑なシナリオでのスマートキャストのサポート、デリゲート型プロパティの型推論の改善が行われています。新しいJVMとJS IRバックエンドはアルファ版として使用できます。コンパイラのパイプラインに最大限のパフォーマンス改善をもたらす新しいフロントエンドの実装に取り組んでいます。フロントエンドとは、コード解析、名前解決、型チェックの実行を担うコンパイラの一部です。一方で、バックエンドとは、フロントエンドからJVM、JS、LLVMのコードを生成する部分を担います。フロントエンドは、特にIDEのパフォーマンスに影響します。

Kotlinの現在

ターゲットプラットフォーム

執筆時点でのKotlinのターゲットプラットフォームは次のようになります。

▶Android

KotlinはAndroid開発コミュニティで最も人気があり、2015年にAndroid開発の牽引力を獲得し始めましたが、Kotlinが本当の意味で最前線に立ったのは2017年でした。Google IO 2017で、GoogleはKotlinプログラミング言語のファーストサポートを発表し、プラットフォームで公式にサポートされている言語としてJavaやC++と並ぶことを意味しました。

2017年10月にAndroid Studio 3.0がリリースされたとき、確立されたプロジェクトで言語を採用するための大きな障害はありませんでした。プラグインまたはIDEのプレスリリースバージョンを懸念していたチームは、Googleの完全な長期サポートにより、安定したツールで言語を試すことができるようになったからです。これにより、チームや組織はより自信を持って言語を採用でき、今日に見られるKotlinの人気が高まり始めました。

Android Studioを使用すると、Kotlinを既存のAndroidプロジェクトと簡単に統合したり、100%Kotlinの新しいプロジェクトを簡単に作成できます。さらに、Googleが改善されたツール、KTX、Jetpackライブラリなど、Kotlinへ投資を続けています。たとえば、コード短縮ツールR8はKotlinの最適化が含まれています。他には、プレビュー版ではありますが、KSP(Kotlin Symbol Processing API)と呼ばれるコンパイラプラグインを開発するAPIが提供されています。これは、KAPTと比較してコンパイル時間が短縮されます。これらによりKotlinでのAndroidアプリケーションの開発がさらに楽しくなります。

下記は2020年のGoogleのAndroidアプリに関するレポートです。

- Kotlin Androidアプリで2020年20%クラッシュが減っている(Google Playの上位1000アプリで)
- 2020年、AndroidのKotlin利用に対して、50%の開発者がこのプログラミングに満足している
- Google Playストアの上位1000個のアプリで、70%以上にKotlinのコードが含まれている

▶ Server-side

Javaは依然として世界で最も人気のあるプログラミング言語の1つであり、その多くはサーバーサイドのバックエンドシステムで使用されています。KotlinはJVMがサポートするこれらのシステムとスムーズに統合でき、一度に統合することも、開発者が言語に慣れるにつれて少しずつ統合できます。Kotlinを使用して、Java Webアプリケーションをサポートする任意のシステムにアプリケーションをデプロイできます。

サーバーサイド作業用のKotlinツールも優れています。IntelliJ IDEAは言語を完全にサポートしており、Springなどの一般的なフレームワークのプラグインがあります。JetBrainsは、Kotlinを使用してWeb アプリケーションを開発するための簡易なフレームワークであるKtorも開発しました。これらのツールは、サーバー側の作業にKotlinをできるだけ簡単に使用できるようにすることを目的としています。Kotlinをバックエンドに使用している複数の企業として、JetBrains、Space、Atlassian Jira、Expedia Group、Adobeなどの開発に利用されています。

サーバーレスのフレームワークとして、Kotlessがあります。サーバレースとは、クラウドコンピューティングの実行モデルで、クラウドプロバイダがサーバーを実行する場合、マシンリソースの割り当てを動的に管理します。メリットはリクエストごとに料金を支払うため、プロジェクトによって料金の節約できます。デメリットは単純な処理でも複雑になる点がありますが、そのような複雑な作業をKotlessが担ってくれます。アプリケーション自体のコードから直接生成することにより、デプロイの作成ルーチンを減らすことができます。

▶ JavaScript

KotlinとJavaはシームレスに相互運用できますが、同様にKotlinとJavaScriptおよびTypeScriptも相互運用性が高いです。しかし、KotlinコードをJavaScript環境で使用できるのは、JavaScriptは動的型付けであり、Kotlinは静的型付けであるため少し奇妙に感じるかもしれません。JavaScriptとして使用されるKotlinコードを記述できるのはどうしてでしょうか。

その魔法は、Kotlinコンパイラとプロジェクトターゲットからきています。標準のJVMターゲットKotlinプロジェクトでは、コンパイラはJVMで実行され、他のJVMコードと本質的に互換性のあるJVM互換のバイトコードを生成します。JavaScriptをターゲットとするKotlinプロジェクトを作成する場合、プロジェクトをビルドすると、そのプロジェクト内のすべてのKotlinコードがJavaScriptにトランスパイルされます。作成したKotlinコードは互換性のあるJavaScriptに変換されて、他のJavaScript コードを作成したかのように使用できます。トランスパイルとは、変換してプログラミング言語をコンパイルすることを意味し、依存関係のトランスパイルやKotlinの標準ライブラリを含めてKotlin/JSと呼ばれます。

Kotlin/JSは、ブラウザ(kotlinx.browser)、フェッチ、キャンバス描画、DOM操作(kotlinx.dom)、NodeJS(kotlinx-nodejs)APIが提供されています。新しいコンパイラとしてIRコンパイラのアルファ版が提供されたことによって、バンドルサイズを小さくでき、デッドコードを除去します。トランスパイルされたコードは現在、ES5をターゲットにしており、今後、ES6をサポート予定です。また、実験的なプロダクトにWebAssemblyのサポートも取り組んでいます。

Dukatは現在開発中のツールで、TypeScript型定義ファイル(.d.ts)をKotlinに自動変換できます。これは、JavaScriptエコシステムのライブラリをKotlinで型安全な方法でより快適に使用でき、JavaScriptライブラリの外部宣言とラッパーを手動で作成する必要性を減らすことを目的としています。Kotlin/JS Gradleプラグインは、Dukatとの統合を提供し、TypeScript定義を提供するnpm依存関係に対して、型安全なKotlinファイルを自動的に生成されます。

▶Kotlin/NativeとMultiplatform

JetBrainsはKotlinがよりユビキタスな言語になるよう努力を続けており、その取り組みの中核にKotlin/Nativeがあります。Kotlin/Nativeを使用すると、開発者はネイティブバイナリにコンパイルされたKotlinコードを記述できます。これにより、KotlinをiOS、macOS、Windowsなどのプラットフォームで実行できます。つまり、Kotlin/Nativeは、Kotlinコードをネイティブバイナリにコンパイルするためのテクノロジーです。コンパイルされたKotlinコードを、C、C++、Swift、Objective-C、およびその他の言語で記述された既存のプロジェクトに簡単に含めることができます。

Kotlin/Nativeのターゲットプラットフォームは次の通りです。

- iOS(arm32、arm64、simulator x86_64)
- macOS(x86_64)
- watchOS(arm32、arm64、x86)
- tvOS(arm64、x86_64)
- Android(arm32、arm64、x86、x86_64)
- Windows(mingw x86_64、x86)
- Linux(x86_64、arm32、arm64、MIPS、MIPS little endian)
- WebAssembly(wasm32)

Kotlin/Nativeは優れた相互運用性を備えており、C++やObjective-Cなどの他の言語との統合に使用できます。これにより、共通機能がKolitnで記述されて他のターゲット間でも共有されるマルチプラットフォームプロジェクトでKotlinを使用できます。たとえば、モバイル開発であれば、iOSとAndroidアプリケーション間でKotlinコードを共有できます。

モバイル専用に特化したものとしてKotlin Moultiplatform Mobile(以下、KMM)があり、2020年11月時点でアルファ版です。Kotlin/JVMを使用して、JVMバイトコードにコンパイルされ、Kotlin/Nativeを介して、ネイティブバイナリにコンパイルされます。Kotlinで記述された共有コードは、通常のモバイルライブラリと同様に、KMMビジネスロジックとして活用できます。

KMMは次のようなモバイル固有などの機能を含みます。

- Multiplatform Gradle DSL
- Kotlin/Native
- Kotlin/JVM
- CocoaPods インテグレーション
- Android Studio Plugin -> KMM プラグイン

データサイエンス

Kotlinはさまざまなプラットフォームだけではなく、データサイエンスと機械学習のスキル構築に対しても支援しています。データサイエンスの分野では、Pythonが有名ですが、Kotlinでも利用できる環境が整いつつあります。データパイプラインの構築から機械学習モデルのプロダクションまで、Kotlinはデータの操作に最適です。Pythonは動的型付けである一方、Kotlinは静的型付けでNull安全により、トラブルシューティングが簡単で、信頼性が高く保守可能なコードを作成できます。

KotlinにはPythonのようなエコシステムがないと思われるかもしれませんが、実際にはJVMにすでに多くのライブラリが存在し、Javaライブラリのエコシステムを活用できます。Kotlinにもたとえば、Kranglのような基本的なデータフレーム、Lets-plotのような統計データをプロット、kotlin-numpyのような NumPyを型安全にラップしたさまざまなライブラリがあります。Jupyter Notebookというデータの視覚化のための便利なツールがありますが、Kotlinもサポートされており、データの調査、発見の共有に役立ちます。

競技プログラミング

JetBrainsとCodeforcesが連携して、Kotlin HerosというKotlinを使ったプログラミングコンテストを立ち上げました。2021年3月時点でコンテストが6回開催されており、Kotlinコミュニティに対してアルゴリズムのプログラミングスキルを比較したり磨いたりするためのプラットフォームとなります。Codeforcesのサポートは、初心者と熟練した開発者がお互いに競争しあい、コーディングスキルを証明するためのプログラミングコンテストを提供するプラットフォームです。これらのコンテストの1つが、Kotlin Herosです。

Kotlin Herosは、競技者が制約の範囲内で、正式化されたアルゴリズム問題を解きます。もちろん誰でも参加でき、問題解決するためにほとんどコードを必要としない単純なものから、特定のアルゴリズムとデータ構造の知識と多くの経験を必要とする複雑なものまでさまざまな問題があります。

Codeforcesで取り上げられているさまざまなコンテストの課題に取り組むときは、EduToolsプラグインを介して、お気に入りのIDE内で直接コンテストに取り組むことができます。JetBrains IDEが提供するすべての機能を利用して、よりスマートなコードを記述し、さらに簡単にコンテストに参加できます。

数字で見る動向

アンケートやレポートでもKotlinの動向がわかります。

▶ JetBrains開発者エコシステムアンケート

JetBrainsは、開発者に対してエコシステムに関するアンケートを定期的に実施しています。このアンケートでは、プログラミング言語、ツール、テクノロジー、さらには生活様式に関する開発者コミュニティのトレンドが定量化されています。次のレポートは、2020年版のレポートを一部抜粋しており、このデータを基にKotlinのエコシステムの状況を知ることができます。

- Kotlinで何をターゲットにしていますか?
  - JVM 60%
  - Android 60%
  - Native 7%
  - JavaScript 6%
- Kotlinでどの種類のアプリを開発していますか?
  - モバイル 57%
  - Webバックエンド 47%
  - ライブラリまたはフレームワーク 28%
  - ツール 20%
  - デスクトップ 10%
- Kotlinで利用されているライブラリはなんですか?
  - 52% kotlinx.coroutines
  - 22% kotlinx.serialization
  - 21% Ktor
  - 18% kotlin.test
  - 8% Kodein
- Kotlinをどのくらい使用していますか?
  - 20% 6カ月未満
  - 24% 6カ月以上1年未満
  - 27% 1年以上2年未満
  - 25% 2年以上4年未満
  - 3% 4年以上
- Kotlin開発では、主にどのIDEを使用していますか?
  - 42% IntelliJ IDEA Ultimate
  - 39% Android Studio
  - 18% IntelliJ IDEA Community
  - 1% その他

▶ Octoverseアンケート

Octoverseとは、GitHubが提供している年次レポートになります。4000万人というGitHubユーザーがその1年間でどんな開発をするのか注目してレポーティングしています。実際のコードを伴ったレポートになるので、実績のあるトレンドの変化を感じ取ることができます。Kotlinは、2020年のレポートでは、最も成長しているプログラミング言語のトレンドのリポジトリの第4位にランクインしています。

▶ StackOverflowアンケート

毎年発表されているStackOverflowのランキングにて、最も愛される言語として近年上位に位置します。StackOverflowの開発者アンケート(2020 年版)によると、Kotlinはプロの開発者に最も人気のあるプログラミング言語で13位になりました。また、Kotlinは最も愛される上位5言語の1つとして一定の評価を受けています。

Kotlinのエコシステム

プログラミング言語を開発することは決して小さい仕事ではなく、Kotlinのプロジェクトも同様に簡単なことではありません。蓄積された新しいアイデアを既存の言語に統合するのか、何かを追加するのか、既存のものを変更するのか、それともゼロから開発するのかさまざまです。さらにコンパイラなどの開発だけではなく、プログラミング言語を単に開発するだけに止まりません。実際にはエコシステムを作成する必要があり、現代の言語のエコシステムは、ライブラリ、学習ドキュメント、教材、学習ツール、組織化されたユーザーグループなど多くのものが含まれています。

Kotlinはオープンなエコシステムで、すべての人々を歓迎します。JetBrainsが提供するKotlinのプラットフォーム、利用ユーザー、コミュニティ支援する環境の3つに大別されます。Kotlinのプラットフォームには、コンパイラはもちろんのこと、ライブラリ、ビルドツール、IDEサポートの他に、ドキュメント、GitHub、KEEP、Issue Trackerなどがあります。開発者は、Kotlinを単に利用するだけでなく、学習教材、プラグイン、ライブラリ、Pull Request、Issue、アイデアを提供できます。そして、SNSなどを通じて、質問したり、回答したり、いいねしたり、ブログを書いたり、ブログを読んだりとコードベースだけではなく、コミュニティをさまざまな角度から支援できます。

ソーシャル、ユーザー、JetBrainsの三方が支えるエコシステムは次の通りです。

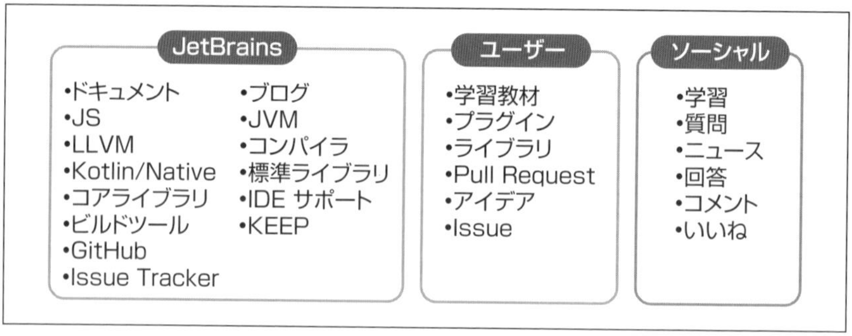

JetBrains
- ドキュメント
- JS
- LLVM
- Kotlin/Native
- コアライブラリ
- ビルドツール
- GitHub
- Issue Tracker
- ブログ
- JVM
- コンパイラ
- 標準ライブラリ
- IDE サポート
- KEEP

ユーザー
- 学習教材
- プラグイン
- ライブラリ
- Pull Request
- アイデア
- Issue

ソーシャル
- 学習
- 質問
- ニュース
- 回答
- コメント
- いいね

Kotlinの未来

ロードマップ

Kotlin 1.4.0までのリリースでは、ロードマップが存在していませんでしたが、明確なロードマップの登場によって、次の機能リリースについてある程度予想可能となりました。ロードマップ登場以前はリリースまでの期間が長かったため、大きな言語機能の準備が整うまで何もリリースされませんでした。さらに変更と改善が年に1回くらいの頻度で、言語の進化スピードが比較的緩やかなものであったため、利用者にとって何がリリースされるのか不明でした。それらの課題を解決すべく、このロードマップでは、機能駆動から日付駆動のリリースサイクルへと変更されました。ロードマップの目的は、全体像を把握することで、主要な優先項目がリストアップされています。リリースの種類に関しては、次の3つに大別されます。

- 機能リリース(1.4、1.5など)。6カ月ごと
- インクリメンタルリリース(1.3.70、1.4.10など)。2〜3カ月ごと
- バグ修正リリース(1.3.72)。1〜2週間ごと

ロードマップでは、JetBrainsが投資している主な分野について言及されます。あくまで、チームが取り組んでいるすべてのことを網羅したリストではなく、主要なプロジェクトのみです。優先順位を調整し、3カ月単位でロードマップを更新します。ロードマップの詳細については、Kotlin Slackの#kotlin-roadmapチャンネルやYouTrackで質問したり、進捗を確認できます。

KEEP(Kotlin Evolution and Enhancement Process)

言語デザインはJetBrainsチームが管理・設計されていますが、実際に関わる人はもっと多くいます。誰でもKotlinの言語デザインに議論できる場としてGitHub上にKEEPがあります。

- KEEP

  URL https://github.com/Kotlin/KEEP

KEEPは言語デザインドキュメントとしてプロトタイプができていて、言語に導入してもよい機能を検討できます。たとえば、KotlinにはType Aliasという、型に対して別の名前を付ける機能があります。このType AliasもKEEPのプロセスを通じて、Kotlin 1.1でリリースされました。

URL https://github.com/Kotlin/KEEP/issues/4

その他にも、言語機能や標準ライブラリなどさまざま提案に対して議論されています。開発に関して多くの労力を費やしているのが、JetBrainsではありますが、非常にオープンなプロセスを持っているため、言語設計に関しても透明性が非常に高い状態が維持されます。さらに誰でもGitHubからコントリビュートもできます。

20年後もモダン

Kotlin Conf 2019でJetBrainsから、20年後もモダンでいたいという意思表示とともに、デフォルト言語としてあらゆるアプリケーション領域のプラットフォームに対応する下記のミッションの共有がありました。

- Any Level of Experience
- Any Platform
- Any Scale
- Any Application

デフォルト言語になるためには、プラットフォーム間の障壁を下げ、かつマルチプラットフォームに対して投資を続ける必要があります。マルチプラットフォームはまだアルファ版の機能ですが、アルファ版から安定版に昇華させるために利用者からのフィードバックが必要です。もちろんフィードバックはマルチプラットフォームに限りません。たとえば、コンパイラやIDEツールの改善は日々進んでいますが、もしIDEの表示が遅くなる、またはコードの表示が赤くなると非常に煩わしい体験を受けます。このような体験に対してもフィードバックすることで、さらにIDEツールやビルドが改善されて、利用者の幸福度や生産性が向上します。

新しい言語が次々に誕生する現代において、モダンな言語を保ち続けるには、快適なアップデートとフィードバックが必要不可欠です。もしKotlinに重大な変更がある場合、利用者がそれに対応することは非常に腰の重い作業です。多くの利用者がEAPを利用してフィードバックすることでJetBrainsとともにその進化のループが保たれます。すでに誰でもEAPを利用していち早く参加できる仕組みがあるので、フィードバックグループに加わることでKotlinのミッションに貢献できます。

環境設定

開発環境について

ここまでKotlinの概要を紹介しました。CHAPTER 02からはKotlin文法について学習していきますが、Kotlinのコードを実行するために開発環境が必要で、今回はIntelliJ IDEAを使用して開発環境を構築します。IntelliJ IDEAとは、JetBrains社が開発した数多くのプログラミング言語に対応した開発環境です。もちろんKotlinにも対応しており、コードの入力補完、リファクタリング機能などたくさんの機能が提供されており、プログラミングを快適に進めることができます。それでは開発環境を作ってみましょう。

なお、本書ではMac環境を前提で解説しているので、Windowsなど、他の環境の方は適宜、読み替えて作業してください。

インストール

まず、JetBrains社のIDEA公式サイト(https://www.jetbrains.com/idea/)で、「Download」ボタンをクリックします。

そこから利用しているOSを選択し、無料プランのCommunityタイプのIDEAをダウンロードします。「Community」にある「Download」ボタンをクリックします。もちろん、Ultimateの有料プランでも良いですが、今回はKotlinコードの実行や簡単なアプリケーションの開発を目的としているため、Communityタイプを用いて説明していきます。

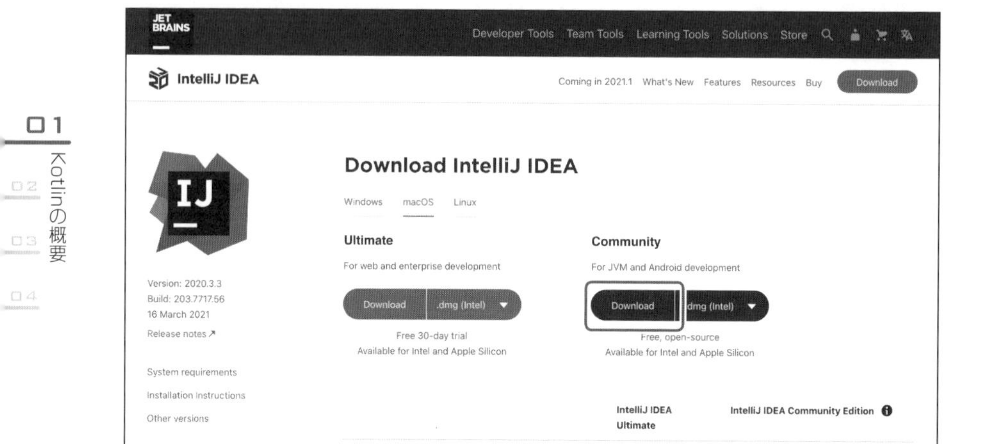

先ほどのCommunityタイプのダウンロードが完了したら、ファイルを展開してインストールしましょう。インストールが完了すると、IntelliJ IDEAを利用できるので起動します。

「Welcome to IntelliJ IDEA」というダイアログが表示されるので、「New Project」をクリックします。

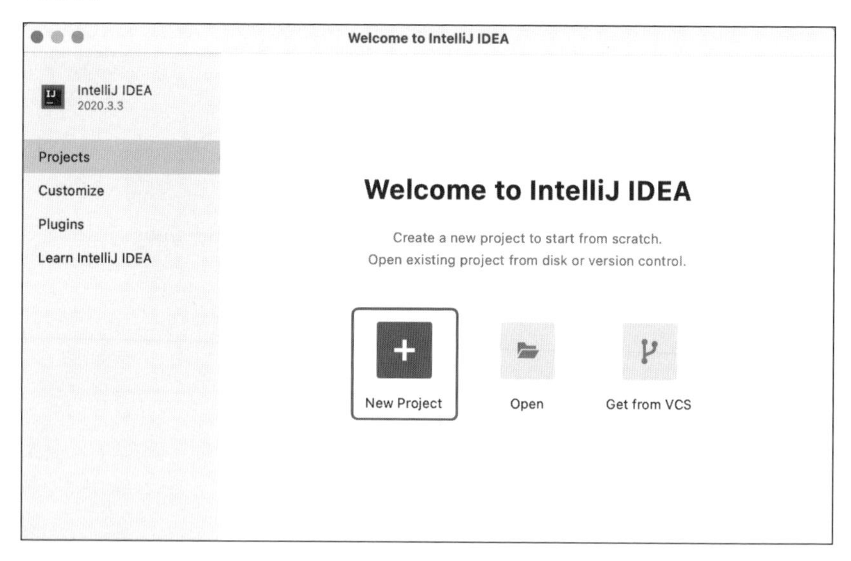

すると、「New Project」というダイアログが表示されます。左側のメニューで「Gradle」を選択し、「Project SDK」に任意のJDKを選択します。最後に「Additional Libraries and Frameworks」で「Java」と「Kotlin/JVM」をONにし、「Next」ボタンをクリックします。

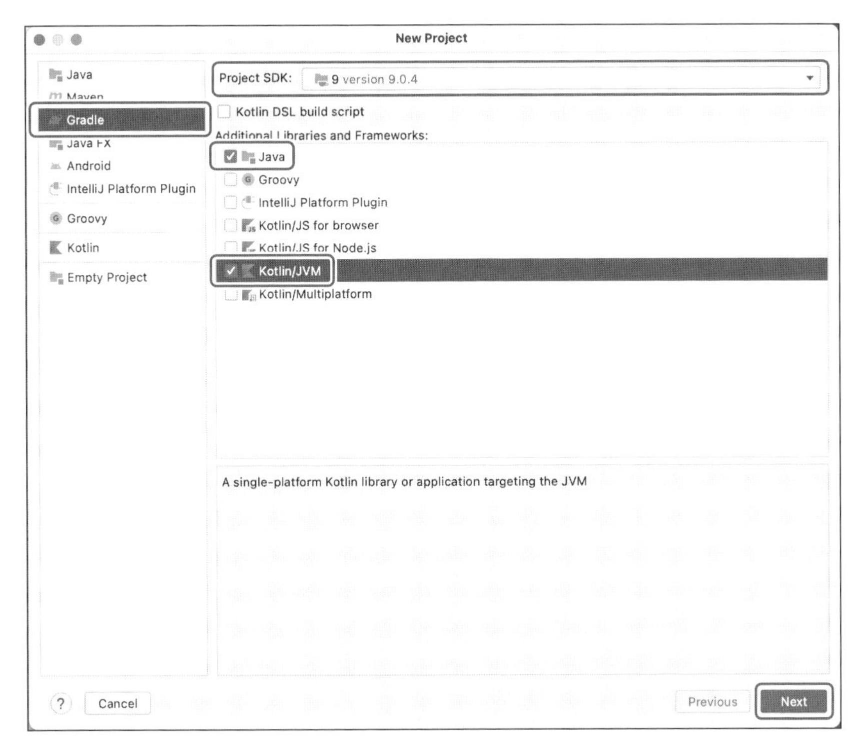

ビルドシステムであるGradleの初期設定が必要なため、次の通り設定します。

項目	設定値
Name	KotlinHelloWorld
Location	任意の作業パス
GroupId	デフォルトのGroupId
ArtifactId	KotlinHelloWorld
Version	デフォルトのVersion

すべての入力が完了したら「Finish」ボタンをクリックします。

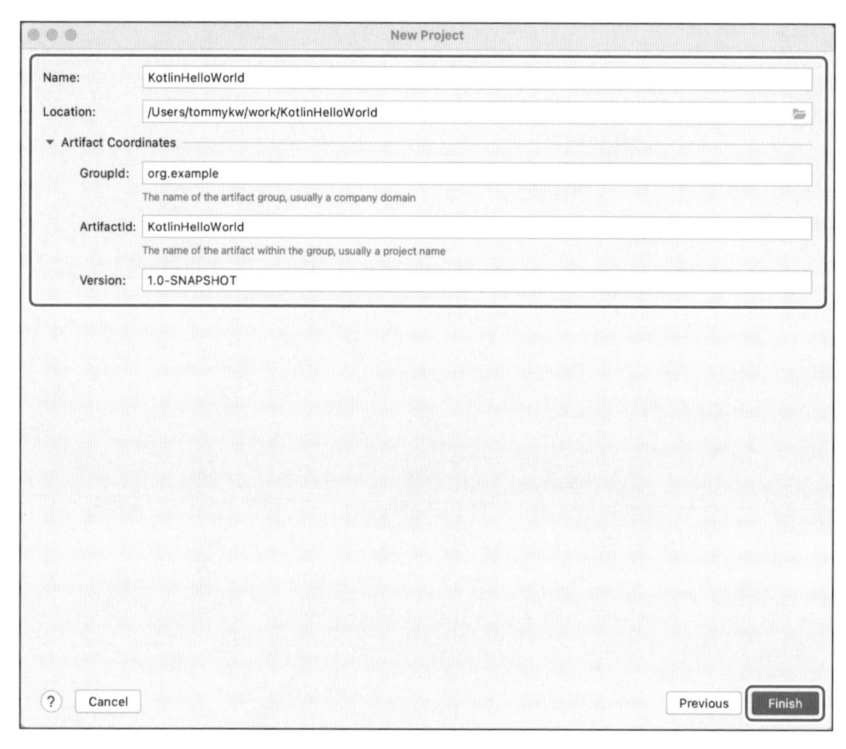

ここまでくると、「KotlinHelloWorld」プロジェクトが作成されてプロジェクトの画面が表示されることがわかります。これにて環境構築が完了となります。

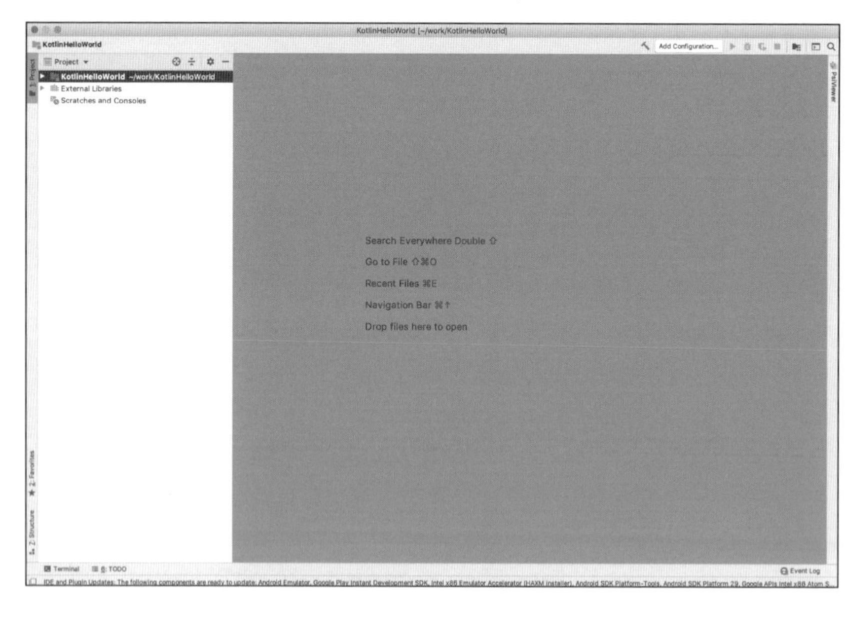

Hello World

環境構築が完了したので、早速、Kotlinのコードを書いて実行してみましょう。プロジェクトの src/main/kotlin 以下に HelloWorld.kt ファイルを作成します。ファイルには下記コードを入力します。 main 関数の中で Hello World という文字列を表示する簡単な処理です。


```
fun main() {
    println("Hello World")
}
```

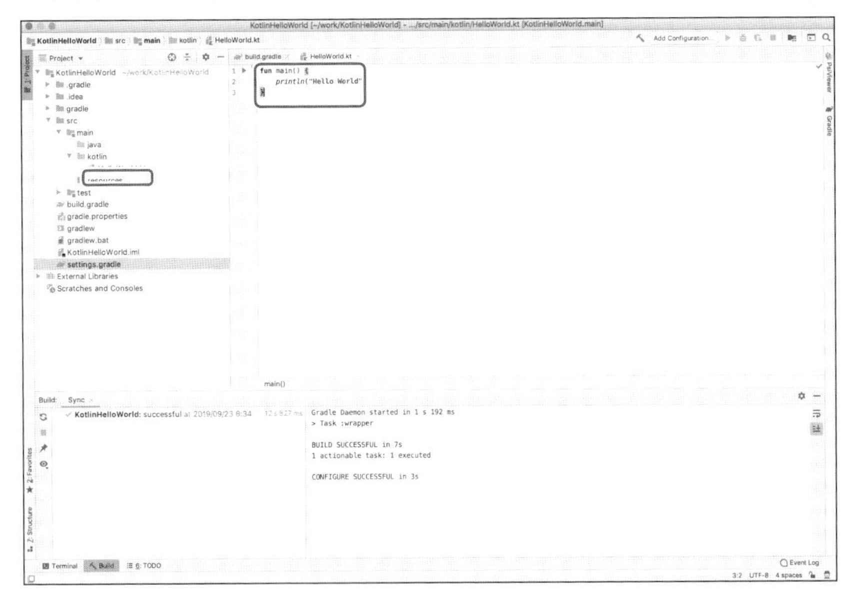

コード入力が終わったら、実際に実行してみましょう。 fun main の左に緑の三角ボタンがあることに気付きます。三角ボタンをクリックし、「Run 'HelloWorldKt'」を実行してみると、Hello World という文字列が表示されることがわかります。

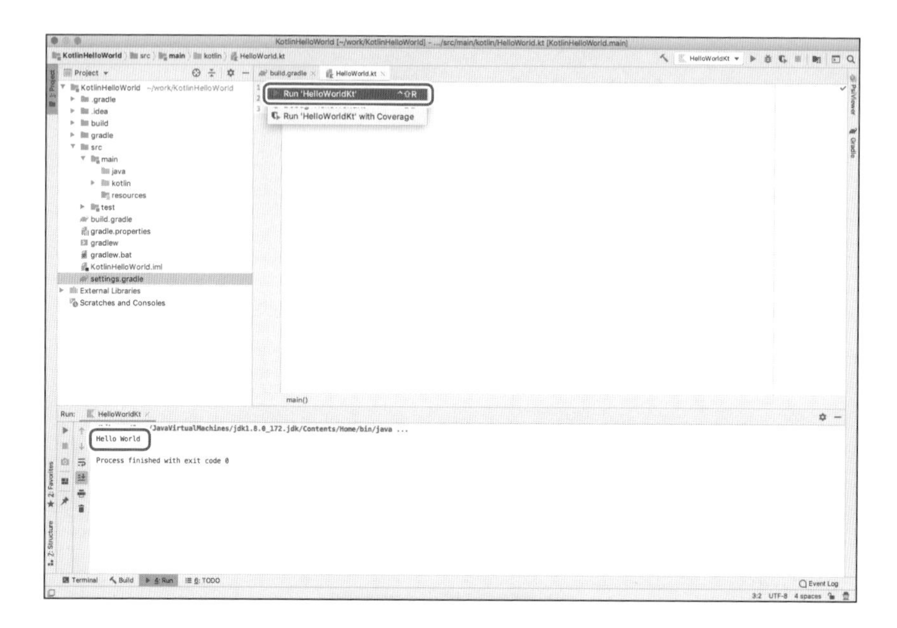

本章のまとめ

ここまで、Kotlinのデザイン思想やプロジェクトスタートから現在までの発展と背景が理解できたのではないでしょうか。比較的新しい言語ですが、Kotlinの人気は急速に高まり続けています。さらにさまざまなプラットフォームをターゲットにする機能によって、上昇トレンドが続く可能性が高くなります。では、次章からKotlinの文法の旅に出かけましょう。

▶ 参考文献

- 2011 JVM言語サミットで発表したプレゼンテーション〔https://blog.jetbrains.com/kotlin/2011/07/slides-from-the-jvm-language-summit-presentations/〕
- Kotlin 1.0 blog〔https://blog.jetbrains.com/kotlin/2016/02/kotlin-1-0-released-pragmatic-language-for-jvm-and-android/〕
- Kotlin 1.1 blog〔https://blog.jetbrains.com/kotlin/2017/03/kotlin-1-1/〕
- Kotlin 1.2 blog〔https://blog.jetbrains.com/kotlin/2017/11/kotlin-1-2-released/〕
- Kotlin 1.3 blog〔https://blog.jetbrains.com/kotlin/2018/10/kotlin-1-3/〕
- Kotlin 1.4 blog〔https://blog.jetbrains.com/kotlin/2020/08/kotlin-1-4-released-with-a-focus-on-quality-and-performance/〕
- Stack Overflow disliked-programming-languages〔https://stackoverflow.blog/2017/10/31/disliked-programming-languages/〕
- Kotlin Heros〔https://blog.jetbrains.com/blog/2019/05/22/kotlin-heroes-programming-contest/〕

- Kotlin EAP〔https://kotlinlang.org/eap/〕
- Kotlin Public Roadmap Through Spring 2021
  〔https://blog.jetbrains.com/kotlin/2020/10/
  kotlin-public-roadmap-through-spring-2021/〕
- Octoverse Github〔https://octoverse.github.com/〕
- プログラマが持つべき心構え(The Zen of Python)
  〔https://qiita.com/IshitaTakeshi/items/e4145921c8dbf7ba57ef〕
- KotlinConf 2017 - Opening Keynote by Andrey Breslav
  〔https://www.youtube.com/watch?v=pjnHDXkeK-4〕
- KotlinConf 2018 - Conference Opening Keynote by Andrey Breslav
  〔https://www.youtube.com/watch?v=PsaFVLr8t4E〕
- KotlinConf 2019: Opening Keynote by Andrey Breslav
  〔https://www.youtube.com/watch?v=0xKTM0A8gdI〕
- Kotlin 1.4 Online Event Opening Keynote by The Kotlin Team
  〔https://kotlinlang.org/lp/event-14/〕
- JetBrainsにおけるソフトウェア開発:ドッグフーディング
  〔https://www.jetbrains.com/ja-jp/lp/dogfooding/〕
- Dogfooding Kotlin and M3.1
  〔https://blog.jetbrains.com/kotlin/2012/10/dogfooding-kotlin-and-m3-1/〕
- New Release Cadence for Kotlin and the IntelliJ Kotlin Plugin
  〔https://blog.jetbrains.com/kotlin/2020/10/
  new-release-cadence-for-kotlin-and-the-intellij-kotlin-plugin/〕
- 開発者エコシステムアンケート2020〔https://www.jetbrains.com/ja-jp/lp/
  devecosystem-2020/kotlin/〕
- Fewer crashes and more stability with Kotlin
  〔https://medium.com/androiddevelopers/
  fewer-crashes-and-more-stability-with-kotlin-b606c6a6ac04〕
- State of Kotlin in Android by Florina Muntenescu
  〔https://www.youtube.com/watch?v=FRCASfAMXoQ&feature=emb_title〕
- Kotlin/JS in 1.4 and Beyond by Sebastian Aigner
  〔https://www.youtube.com/watch?v=KnCixUvhmhk&feature=emb_title〕
- Kotlin / Native for Native
  〔https://kotlinlang.org/docs/reference/native-overview.html〕
- It's Time for Kotlin Multiplatform Mobile by Ekaterina Petrova
  〔https://www.youtube.com/watch?v=PW-jkOLucjM&feature=emb_title〕
- Stack Overflow Most Popular Technologies
  〔https://insights.stackoverflow.com/survey/
  2020#most-popular-technologies〕

- Jetpack Compose for Desktop: Milestone 1 Released
  〔https://blog.jetbrains.com/cross-post/jetpack-compose-for-desktop-milestone-1-released/〕

CHAPTER 02

Kotlinの文法

本章では、Kotlinの基本文法について紹介します。Kotlinの基本的な型に始まり、特徴的なスコープ関数、データクラス、スマートキャストまで学習します。エレガントなKotlinを体験することでコーディングをするのがきっと楽しくなります。

変数

varとval

変数を利用するには変数宣言が必要になりますが、主に `var` 、`val` の宣言方法があります。 `var` はvariableの略で再代入可能な変数。一方、`val` はvalueの略で再代入不可能な変数であることを示します。また、式に対してセミコロンを記述する必要はありません。

次の例では `var` を利用することで新しい結果を割り当てることができます。

```
fun main() {
    // ローカル変数をvarで初期化
    var counterVar: Int = 0
    println(counterVar) // 0が表示される
    counterVar++
    println(counterVar) // 1が表示される

    // ローカル変数をvarで初期化
    var versionVar: Double = 1.0
    println(versionVar) // 1.0が表示される
    versionVar = 2.0
    println(versionVar) // 2.0が表示される
}
```

一方で次の例では `val` を利用していますが、再割り当てできないため、コンパイルエラーが発生します。複雑な処理や初期時のみ割り当てたい場合は、`val` を利用することで参照の不変性が保証されます。

```
fun main() {
    // ローカル変数をvalで初期化
    val counterVal: Int = 0
    counterVal++ // 再割り当てができないため、コンパイルエラー

    // ローカル変数をvalで初期化
    val versionVal: Double = 1.0
    versionVal = 2.0 // 再割り当てができないため、コンパイルエラー
}
```

定数

変更されない値を定義する場合に役立つのが `const` です。 `const` を利用すると、コンパイル時に定数として利用できます。また、`const` を利用するにはトップレベルもしくはオブジェクト宣言かつ、`String` 型などの基本型である必要があります。

```
const val age: Int = 31 // 基本型なので利用できる
const val list: List<Int> = listOf(1,2,3) // List形は基本型ではないので利用できない
```

基本型

Boolean型

Boolean 型は、ブール値を表すデータ型で true 、false のいずれかの値を表します。

```
fun main() {
    val isA: Boolean = true
    val isB: Boolean = false
}
```

Boolean のビルトイン演算には、|| 、&& 、! を含みます。

- ||：1つ以上の条件がtrueである場合、trueを返す
- &&：両方の条件がtrueである場合、trueを返す
- !: 値を否定する

```
fun main() {
    true || false  // trueを表す
    false || false // falseを表す
    true && true   // trueを表す
    false && true  // falseを表す
    !true  // falseを表す
    !false // trueを表す
}
```

文字型と文字列型

文字や文字列の扱いについて説明します。

▶文字リテラル

単一の文字を示す型に Char 型があり、文字リテラルを表現するにはシングルクォートで囲む必要があります。

```
fun main() {
    val character: Char = 'a' // 文字リテラルはシングルクオートで表現する
    println(character)        // aが表示される
}
```

▶ 文字列リテラル

テキストデータを扱う機会が多いですが、他の言語と同様に文字列を扱うクラスに String 型を使用します。文字列リテラルには2種類あり、ダブルクォートで囲むものとトリプルクォートで囲むものがあります。次の通り文字列同士の比較は == を利用します。

```
fun main() {
    val a: String = "abc"
    val b: String = "abc"
    println(a == b) // trueが表示される
}
```

ここまで短い文字列比較について紹介しましたが、文字列が長くなったり、変数と結合する場合に役立つのが、トリプルクォートで囲むことです。 trimMargin() は、マージン(インデント)を取り除くだけなく、| を取り除き、かつ文字列展開します。つまり、複数行の文字列に対してフォーマットします。また、文字列をエスケープする必要はありません。

```
fun main() {
    val world: String = "World"
    val result: String = """
        |Hello
        |$world
        |
    """.trimMargin()
    println(result)
}
```

上記の result の実行結果は次の通りです。

```
Hello
World
```

▶ 文字列テンプレート

文字列テンプレートという文字列を埋め込む機能が提供されています。これは変数を連結するだけでなく、${} を用いることで式や変数を展開します。

```
fun main() {
    val x1:Int = 100
    val x2:Int = 100
    println("${x1 * x2}") // 10000が表示される
}
```

▶文字列はコレクションとして扱える

文字列はChar型のコレクションであるため、コレクションとして扱うことができます。なお、コレクションについては59ページで別途紹介します。次のように特定のインデックス指定することで文字を取得できます。もちろんコレクションであるため、マッピングやフィルタリング関数なども利用できます。

```
fun main() {
    val string: String = "hello world"
    println(string[4]) // oが表示される。4番目のインデックスの文字列を取得する
}
```

数値型

整数、小数などの数値型が提供されています。

- Byte：8ビット
- Short：16ビット
- Int：32ビット
- Long：64ビット
- Float：32ビット
- Double：64ビット

Floatは浮動小数点を表し、Doubleよりも低い精度を示します。一方でDoubleの精度はFloatの約2倍であるため、Doubleと呼ばれます。16進数、2進数のリテラルもサポートしており、アンダースコアを用いることで、1_000_000と読みやすく表現できます。

```
var number: Int = 0
val decimal: Int = 256
val whiteColor: Int = 0xFFFFFF // RGBコードの白を16進数で表現
val binary: Int = 0b0000        // バイナリリテラル
val pi: Double = 3.1415
val variableNumber: Long = 10_000_000_000
```

また、試験的な機能ではありますが、数値型は符号なしの型を利用できます。

- UByte：符号なし8ビット
- UShort：符号なし16ビット
- UInt：符号なし32ビット
- ULong：符号なし64ビット

```
val ubyte: UByte = 100U
val ushort: UShort = 10_000U
val uint: UInt = 100_000U
val ulong: ULong = 10_000_000_000U
```

Any型

`Any` はすべてのクラスの親クラスです。Kotlinを記述していると、型の不明な変数を扱うことがありますが、`Any` 型を付与することで特定の値の型チェックを無効にし、コンパイルを通過させます。しかし、`Any` は、Kotlinの型安全の恩恵を受けることができないため、できる限り `Any` 型が現れないコードを書き、型安全なプロジェクトを目指す必要があります。

```
fun main() {
    var counter: Any = 1
    counter = "counter" // コンパイルエラーにならない
    counter = 1.567     // コンパイルエラーにならない
}
```

Unit型

`Unit` 型は、`Any` 型の反対のようなもので、型がまったくないことを表します。一般的に、値を返さない関数の戻り値として利用します。

```
fun logger1(message: String): Unit { // 関数の戻り値はUnit型
    println(message)
}

fun logger2(message: String) { // Unitを省略することも可能
    println(message)
}
```

関数の戻り値の指定がない場合は、暗黙に `Unit` が指定されます。

Nothing型

`Any` 型がすべての親クラスである一方で、`Nothing` 型はすべてサブクラスです。また、`Nothing` 型は存在しない値を示します。これは決して完了しないことを意味し、インスタンスがありません。値が返されないため、例外をスローする際などに利用されます。

たとえば、`TODO()` という標準関数があります。これは戻り値が `Nothing` で `NotImplementedError` をスローします。

```
TODO("まだ未実装です")

public inline fun TODO(reason: String): Nothing =
    throw NotImplementedError("An operation is not implemented: $reason") // TODO()の実装内容
```

Null許容型

Null許容型とNull非許容型

最近の新しいプログラミング言語では、参照型のNull許容性を明示できる機構が増えていますが、KotlinでもNull許容型とNull非許容型を区別できます。

```
fun main() {
    var i1: Int = 0 // Int型はNull非許容型
    i1 = null       // nullを割り当てられない

    var i2: Int? = 0 // Int型はNull許容型
    i2 = null        // nullを割り当てられる
}
```

型に対して ? を付与することで、明示的にNull許容型であることを宣言できます。もちろん Int 型以外にも同様にNull許容型を宣言できます。

```
// Null許容型
val int1: Int? = null
val boolean1: Boolean? = null
val string1: String? = null
val char1: Char? = null
val float1: Float? = null
val double1: Double? = null
val byte1: Byte? = null
val long1: Long? = null

// Null非許容型。nullを割り当てられない
val int2: Int = null
val boolean2: Boolean = null
val string2: String = null
val char2: Char = null
val float2: Float = null
val double2: Double = null
val byte2: Byte = null
val long2: Long = null
```

このようにNull許容性を明示的に示すことによって、Nullを安全に扱うことができます。もし、Null許容性がないと、ランタイム時にNull参照にアクセスして NullPointerException が発生する場合があります。Kotlinでは、コンパイル時にNull参照に対してアクセスをするコードを記述すると警告を示し、ランタイム前にNull安全と向き合うメリットがあります。

Null安全な呼び出し

Null許容型から関数やプロパティを直接呼び出せないため、Null許容型に対して `Null` でないことを事前検証する必要があります。

```
fun main() {
    var s1: String? = "abc"
    s1.length // s1がNullかもしれないので、lengthプロパティを呼び出せない

    var s2: String? = "abc"
    if (s2 != null) { // s2がNullでないことを検証する
        s2.length      // s2がNullではないので安全にlengthプロパティを呼び出せる
    }
}
```

ご覧の通り、この事前検証する箇所が増えるほどノイズになりやすいのですが、問題を簡潔に解決する方法が提供されています。それはNull許容型を `?` で連結することで、安全なチェーン呼び出しができます。

```
fun main() {
    var s: String? = "abc"
    println(s?.length) // 3が表示される。
    s = null
    println(s?.length) // Nullが表示される
}
```

事前条件における安全呼び出し

事前に `Null` でないことを確認すると、後続処理で安全に呼び出すことができます。標準ライブラリなど、事前検証を利用する方法がいくつかあるので紹介します。

`require()` は期待する引数であることを確認します。

```
fun main() {
    var a:Int? = 24
    require(a != null) // aがNullでないこと
    println(a.toString(radix = 2)) // 2進数に変換でき、11000が表示される
}
```

`check()` は期待する状態であることを確認します。

```
fun main() {
    var a:Int? = 24
    check(a != null) // aがNullでないこと
    println(a.toString(radix = 2)) // 2進数に変換でき、11000が表示される
}
```

エルビス演算子(?:)は Null であれば、特定の処理を呼び出すことができます。

```
fun main() {
    var a:Int? = 24
    a ?: return // Nullであれば早期returnする
    println(a.toString(radix = 2)) // 2進数に変換でき、11000が表示される
}
```

その他には、requireNotNull() 、checkNotNull() などもありますが、これらの事前条件によって例外がスローされないことを保証します。

列挙型

概要

列挙型は複数の定数を1つのタイプとして宣言でき、Kotlinでは、enumを用いて列挙型であると宣言できます。利用可能な定数を指定できるため、エラーの可能性を減らすことができます。

```
enum class Color {
    Red,
    Green,
    Blue,
}

fun main() {
    val red = Color.Red
    if (red == Color.Red) {
        println(red) // Redが表示される
    }
}
```

列挙型に内包された機能

列挙型には、いくつか便利な機能があるので、代表的な機能を紹介します。

はじめにordinalプロパティは0から始まる序数を表します。

```
enum class Color {
    Red,
    Green,
    Blue,
}

fun main() {
    Color.Red.ordinal   // 0
    Color.Green.ordinal // 1
    Color.Blue.ordinal  // 2
}
```

他には、nameプロパティがあり、列挙型の名前を知ることができます。

```
enum class Color {
    Red,
    Green,
    Blue,
}

fun main() {
    Color.Red.name   // Red
    Color.Green.name // Green
    Color.Blue.name  // Blue
}
```

型推論

概要

Kotlinは型推論があるため、変数の型や関数の引数の型などを省略できます。

```
val number = 0
val string = ""
var double = 12.514
val list = listOf(1,2)
val set = setOf(1,2)
val map = mapOf("a" to 10)

fun echo(message: String) = println("message: $message") // Unit型を返却する
fun joinString(message: String) = "message: $message"    // String型を返却する
```

型推論によって型として認識されるため、下記の例ではコンパイルエラーが発生します。

```
fun main() {
    var int = 10
    var double = 12.514
    int = double // IntとDoubleで型が異なるため、代入できない
}
```

演算子

単項演算子

単項演算子とは、オペランドが1つだけである演算子を意味します。オペランドとは式を構成する要素のうち、演算子ではない要素を示します。たとえば、1 + 2 は次のように分解できます。

- オペランド:1、2
- 演算子:+

単項演算子の例は次の通りです。

```
fun main() {
    var a = 1
    +a     // 1
    -a     // -1
    !true // false
    a++   // 1
    a--   // 2
    ++a   // 2
    --a   // 1
}
```

二項演算子

二項演算子は2つのオペランドと演算子によって構成された演算子を意味します。具体的な例は次の通りです。

```
fun main() {
    var a = 1
    var b = 2
    a + b // 3

    a = 2
    b = 1
    a - b // 1

    a = 2
    b = 5
    a * b // 10

    a = 10
    b = 2
    a / b // 5
```

```
    a = 5
    b = 2
    a % b // 1
}
```


三項演算子

三項演算子は3つのオペランドによって構成されて演算子です。Kotlinには三項演算子がありませんが、代わりに、`if (foo) a else b` のように`if`式で同等の機能を提供しています。

範囲を指定する演算子

範囲を指定する演算子は、`..`を用いて数値や文字の範囲を指定できます。次の例では、`in`というイテレーターを介して反復処理を行います。

```
fun main() {
    for (i in 1..10) {
        println(i) // 1から10まで出力される
    }

    for (s in 'a'..'c') {
        println(s) // a、b、cが出力される
    }

    println(5 in 1..10)  // true
    println(5 !in 1..10) // false
}
```

代入演算子

代入演算子は変数に代入するための演算子です。右オペランドの値を`=`で、左オペランドに代入します。たとえば、`x = y`ならば、`y`の値を`x`に代入します。他には演算子を短縮した代入演算子が提供されています。

```
fun main() {
    var a = 10
    a += 5 // 15

    a = 10
    a -= 5 // 5

    a = 10
    a *= 5 // 50

    a = 10
```

```
    a /= 5 // 2

    a = 10
    a %= 5 // 0
}
```


比較演算子

比較演算子は、2つのオペランドが等価であるのか、もしくは比較したい場合に利用される演算子です。たとえば、内容が一致しているオペランドを == で比較すると、true が返却されます。一方で、=== は参照比較であり、2つのオペランドが同じオブジェクトであるか比較します。他にも次のような比較する演算子が提供されています。

```
fun main() {
    1 == 1 // true
    "abc" != "abc" // false

    10 > 1 // true
    1 < 10 // true

    5 >= 5 // true
    6 <= 5 // false

    val user1 = User(id = 1)
    val user2 = User(id = 1)
    user1 == user2  // true
    user1 === user2 // false。参照が異なるためfalseとなる
}

data class User(val id: Int) // データクラスに関しては74ページを参照してください。
```

ビット演算子

ビット演算子はビット単位の操作をする演算子で、Int 型と Long 型に対して利用できます。たとえば、10進数の 8 の2進数は 1000 で、8 shl 1 と左にシフトすると、16 になります。他にもいくつかのビット演算子が提供されています。

- shl：符号付き左シフト
- shr：符号付き右シフト
- ushr：符号なし右シフト
- and：ビット論理積
- or：ビット論理和
- xor：ビット排他的論理和
- inv：ビット反転

```
fun main() {
    1 shl 2     // 4
    4 shr 1     // 2
    -1 ushr -2 // 3
    10 or 4     // 14
    10 and 8    // 8
    10 xor 8    // 2
    10.inv()    // -11
}
```


エルビス演算子

エルビス演算子(`?:`)は、オペランドが`Null`の場合、指定したオペランドを返却できる演算子で、煩わしいNullチェックが不要となります。

```
fun main() {
    val input: String? = null
    val text = input ?: "default"
    println(text) // defaultが表示される
}
```

SECTION-012

制御構文

if式

条件分岐を加えたいときに用いるのが、`if`です。`if`内の条件式に対して、`true`または`false`を評価できます。また、`if`は式であるため、`if`の結果を受け取り、変数に代入できます。

```
fun main() {
    if (true) {
        // true条件の処理
    }

    if (false)  {
        // false条件の処理
    }

    val i = if (true) {
        1
    } else {
        100
    }

    println(i) // 1が表示される
}
```

Kotlinには三項演算子がありません。ですが、`if-else`を式として利用することで少し冗長ではありますが、三項演算子と同じ結果を得られます。たとえば、`val c = if (a > b) a else b`のように、条件の結果を代入できます。

when式

先ほどの`if`と同様に`when`も条件分岐を加えることができます。用途としては条件式が2つまたは3つ以上の選択肢がある場合に`when`を利用すると効果的です。

```
fun main() {
    val weather = "sunny"

    when (weather) {
        "sunny" -> { /* sunnyの処理 */ }
        "cloudy" -> { /* cloudyの処理 */ }
        "rainy" -> { /* rainyの処理 */ }
        else -> { /* sunny、cloudy、rainy以外の処理 */}
    }
}
```

whenは、条件が満たされるまですべての条件を順次照合します。すべての条件を順次照合するため、基本的にはelse条件を記述する必要があります。else条件は、どの条件にも満たない場合に評価されます。また、ifと同様に式として扱うことができるため、val result = when (weather) { ... }のように結果を代入できます。

whenの条件を変数として保持できるキャプチャ機能も提供されています。なお、条件式は、valで初期化する必要があります。

```
fun main() {
    when (val weather = "sunny") { // weatherに代入しつつ、whenで評価する
        "sunny" -> { /* sunnyの処理 */ }
        "cloudy" -> { /* cloudyの処理 */ }
        "rainy" -> { /* rainyの処理 */ }
        else -> { /* sunny、cloudy、rainy以外の処理 */}
    }
}
```

列挙型であるenum classを条件に使用すると、elseを省略できます。

```
enum class Weather {
    Sunny,
    Cloudy,
    Rainy,
}

fun main() {
    val weather = Weather.Sunny
    when (weather) {
        Weather.Sunny -> { /* sunnyの処理 */ }
        Weather.Cloudy -> { /* cloudyの処理 */ }
        Weather.Rainy -> { /* rainyの処理 */ }
        // 列挙型のすべての条件を網羅しているため、elseが不要となる
    }
}
```

for文

forはイテレーターを用いて反復処理を実行します。ifやwhenと異なり、forは文であるため、評価の結果を持ちません。下記は数値の範囲を反復しています。

```
fun main() {
    for (i in 1..100) {
        println(i) // 1から100まで出力される
    }

    for (i in listOf(1,2,3)) {
        println(i) // 1、2、3が出力される
```

▼

```
    }

    val result = for (i in 1..100) { // for文は式ではないので、コンパイルエラーとなる
        i * 2
    }
}
```

1..100 とは 1 から 100 までの範囲を指定している IntRange クラスです。ちなみに範囲を指定するクラスは LongRange（小数点）、IntRange（整数）、CharRange（文字）をサポートしています。 in とはイテレータ関数で、反復的な処理を実行しています。また、i は val に自動的に変換され、明示的に val や var を定義できないため、再代入不可で安全に取り扱うことできます。

for のループ制御には、continue や break を利用できます。

```
fun main() {
    for (i in 1..10) {
        if (i > 5) {
            break
        } else if (i == 3) {
            continue
        }
        println(i) // 1、2、4、5 が表示される
    }
}
```

ループに対してラベルを付加でき、@ に続く識別子を指定すると、当該ラベルに対して制御処理を行うことができます。たとえば、次のように2つの for 文がある場合は、ラベル付きの for 文に対して、break や continue を指定できます。

```
fun main() {
    loop@ for (a in 1..5) { // ルートのfor文にloop@ラベルを指定する
        for (b in 1..5) {
            if (a == 2 && b == 5) {
                break@loop // loop@ラベルのforを対象にbreakする
            }

            println("a:$a b:$b") // a:1 b:1からa:2 b:4まで表示される
        }
    }
}
```

上記の実行結果は次ページの通りです。

```
a:1 b:1
a:1 b:2
a:1 b:3
a:1 b:4
a:1 b:5
a:2 b:1
a:2 b:2
a:2 b:3
a:2 b:4
```


while文

反復的な処理の`while`、`do-while`も提供されています。`while`と`do-while`の違いは、`do-while`のブロック内は少なくとも1回実行されます。また、`for`と同様に文であるため、結果の評価がありません。

```
fun main() {
    var i = 10
    while (i > 0) {
        println(i) // 10から1まで表示される
        i--
    }

    i = 10
    do {
        println(i) // 10から1まで表示される
        i--
    } while (i > 0)

    i = 0
    while (i > 0) {
        println(i) // 表示なし
        i--
    }

    i = 0
    do {
        println(i) // 0まで表示される
        i--
    } while (i > 0)
}
```

コレクション

List

Listは複数のオブジェクトを保持でき、位置を示すインデックスによって要素にアクセスできる順序付きのコレクションです。List内のデータによって同じ要素が複数回出現する場合もあります。イミュータブルなListとミュータブルなMutableListを生成でき、初期化以外にも変更する場合は、MutableListを利用する必要があります。また、Kotlin 1.4から末尾カンマをサポートしています。

```
fun main() {
    val list = listOf(1, 2, 3,) // Kotlin 1.4から末尾カンマをサポート
    println(list) // [1, 2, 3]
    list += 4 // イミュータブルなので要素を追加できない
    list -= 3 // イミュータブルなので要素を削除できない

    val mutableList = mutableListOf(1,2,3,)
    mutableList += 4 // ミュータブルなので要素を追加できる
    mutableList -= 3 // ミュータブルなので要素を削除できる
    println(mutableList) // [1, 2, 4]
}
```

MutableListを `val` で宣言したとしても、MutableListの参照を介して要素を変更できます。

```
fun main() {
    val mutableList = mutableListOf(1,2,3,)
    mutableList += 4 // valではあるが、要素を変更可能
}
```

もし、Listの範囲を超えてアクセスすると、`ArrayIndexOutOfBoundsException` 例外が発生します。

```
fun main() {
    val list = listOf(1,2,3,)
    list[10] // ArrayIndexOutOfBoundsException 例外が発生する
}
```

`listOf()` 、`mutableListOf()` を使ってそれぞれコレクションを生成しましたが、`vararg` という機能を使って引数サイズを動的に生成できます。コレクション変数を展開したい場合は、`*` のスプレッド演算子を利用することで配列展開されます。

```
fun main() {
    fun varargs(vararg elements: Int) { // varargで引数サイズを変更
        for (i in elements) {
            println(i)
        }
    }

    varargs(1,2,3,) // 1、2、3が出力される

    val list = listOf(4,5,6,)
    varargs(1,2,3, *list.toIntArray()) // *のスプレッド演算子を使って、1、2、3、4、5、6が表示される
}
```


Set

SetはListに対して一意の要素を保持でき、重複を防ぐことができる順序なしのコレクションです。イミュータブルなSetとミュータブルなMutableSetを生成できます。

```
fun main() {
    val set = setOf(1,2,3,)
    println(set) // [1, 2, 3]
    set += 4 // イミュータブルなので要素を追加できない
    set -= 3 // イミュータブルなので要素を追加できない

    val mutableSet = mutableSetOf(1,2,3,)
    mutableSet += 4 // ミュータブルなので要素を追加できる
    mutableSet -= 3 // ミュータブルなので要素を削除できる
    mutableSet += 4 // ミュータブルなので要素を追加できるが4は重複しない
    println(mutableSet) // [1, 2, 4]
}
```

Map

Mapはキーと値をペアのセットを持つコレクションです。キーは一意ですが、Listと同様に同じデータを持つ可能性があります。イミュータブルなMapとミュータブルなMutableMapを生成できます。

```
fun main() {
    val map = mapOf("phone" to "111-111-111", "address" to "123")
    println(map) // {phone=111-111-111, address=123}
    map["address"] = 1234 // イミュータブルなので値を変更できない

    val mutableMap = mutableMapOf("phone" to "111-111-111", "address" to "123")
    mutableMap["address"] = "1234" // ミュータブルなので値を変更できる
    println(mutableMap) // {phone=111-111-111, address=1234}
}
```

Mapからキーと値を使って、キーと値を取得できますが、もしキーが存在しない場合は **Null** が返却されます。

```
fun main() {
    val map = mapOf("phone" to "111-111-111", "address" to "123")

    for (entry in map) {
        println("key:${entry.key} value:${entry.value}")
        // key:phone value:111-111-111が表示される
        // key:address value:123が表示される
    }

    println(map["phone-number"]) // 存在しないキーであるため、nullが表示される
}
```

Listと配列

Listが複数のオブジェクトを保持する一方で、配列は参照型であるため、アドレスを保持します。また、配列は **arrayOf()** で生成でき、位置を示すインデックスを基に値の取得、変更ができます。

```
fun main() {
    println(listOf(1,2,3)) // Listで、[1, 2, 3]が表示される
    println(arrayOf(1,2,3)) // 配列で、アドレスが表示される

    val array = arrayOf(1,2,3)
    array[0] = 0
    for (a in array) {
        println(a) // 0、2、3が出力される
    }
}
```

Listと配列では格納するものが異なるため、操作に注意が必要です。

```
fun main() {
    val list1 = listOf(1,2,3)
    val list2 = listOf(1,2,3)
    println(setOf(list1, list2).size) // 1が出力される

    val array1 = arrayOf(1,2,3)
    val array2 = arrayOf(1,2,3)
    println(setOf(array1, array2).size) // 2が出力される
}
```

他にも ByteArray 、ShortArray 、IntArray などのプリミティブ用の配列型が提供されています。 IntArray を例に説明すると、JVM上ではこのクラスのインスタンスは int[] になり、オーバーヘッドなしでボクシングできます。ボクシングとは、Javaのプリミティブ型から参照型オブジェクトを作成することを表します。

ListとSequence

Listは要素に対して順序的に全体を操作しますが、Sequenceは順序的に操作せずに垂直的な評価します。Listは、listOf() で生成し、Sequenceは sequenceOf() で生成するため、非常によく似ているように見えます。

ListとSequenceの違いを知るため、複数の数値に対して下記のステップで例示します。

- 乗算した結果を返す
- 偶数の要素のみ取得する
- 最初のアイテムを取得する
- 結果を出力する

```
fun main() {
    listOf(1,2,3,4,5,) // Listで生成する
        .map { println("map $it"); it * 3 }
        .filter { println("filter $it"); it % 2 == 0 }
        .take(1)
        .forEach { println("list $it") }

    sequenceOf(1,2,3,4,5,) // Sequenceで生成する
        .map { println("map $it"); it * 3 }
        .filter { println("filter $it"); it % 2 == 0 }
        .take(1)
        .forEach { println("sequence $it") }
}
```

Listの実行結果は次の通りです。5つのListに対して、map() と filter() すべて実行されていることがわかり、take() 、forEach() で最初の要素を取得と表示しています。その結果からListでは、すべての操作がリスト全体で実行され、それぞれのステップで中間リストとして生成されていることがわかります。

```
map 1
map 2
map 3
map 4
map 5
filter 3
filter 6
filter 9
filter 12
filter 15
list 6
```

一方で、Sequenceの実行結果は次の通りです。1つの要素がすべてのステップを実行するため、2つ目の要素が最終的に出力されています。すべての要素に対して不要なステップが実行されていないため、効率的です。それぞれの結果を受けて、ListとSequenceの両方を検討し、どちらがケースによって適切か判断する必要があります。

```
map 1
filter 3
map 2
filter 6
sequence 6
```

関数

関数宣言

関数は fun を用いて宣言し、引数は再割り当てが不可であり、明示的に型を指定する必要があります。戻り値に対して型を定義する必要がありますが、何も定義しない場合は Unit 型を返却します。また、関数名はキャメルケースにします。クラスに限らずトップレベルで呼び出すこともできます。

ごく一般的な関数を作ってみます。文字列を連結する関数で、2つの String 型の引数に対して、それらを文字列連結した結果を String で返却します。関数は式であるため、結果を受け取ることができます。

```
fun main() {
    fun joinString(message1: String, message2: String): String { // 文字列を連結する関数
        return "${message1}${message2}"
    }

    println(joinString("文字列", "連結")) // 文字列連結が表示される
}
```

単一の処理内容であれば1つの式として宣言でき、型推論によって明示的に戻り値を省略できます。

```
fun main() {
    // 1つの式として関数宣言できる
    fun joinString(message1: String, message2: String) = "${message1}${message2}"
    println(joinString("文字列", "連結")) // 文字列連結が表示される
}
```

名前付き引数

引数が複数ある場合、利用する引数を明示的に宣言することで可読性が向上します。

```
fun main() {
    // 言語とバージョンを連結して返す関数
    fun helloWorld(
        language: String,
        version: Double
    ): String {
        return "Hello $language $version"
    }

    // 名前付き引数を使って関数を呼ぶ
    val helloWorld = helloWorld(
```

```
        language = "Kotlin",
        version = 1.4,
    )

    println(helloWorld) // Hello Kotlin 1.4 が表示される
}
```

名前付き引数には、デフォルト引数を使うことでさらに便利になります。

```
fun main() {
    fun helloWorld(
        language: String,
        version: Double = 1.4 // デフォルト引数を利用
    ): String {
        return "Hello $language $version"
    }

    val helloWorld = helloWorld(language = "Kotlin",)
    println(helloWorld) // Hello Kotlin 1.4 が表示される
}
```

インライン関数

インライン関数とは、その関数が利用される箇所に関数本体を挿入する関数です。関数呼び出し、または呼び出された時にオーバーヘッドを節約できます。Javaコードにデコンパイルしてインラインについて触れてみます。

```
fun main() {
    fun bar() {
        println("bar start")
        println("bar end")
    }

    fun foo() {
        println("foo start")
        bar()
        println("foo end")
    }

    foo()
}
```

上記の例では **foo()** と **bar()** の開始と終了を出力しています。実行結果は次の通りです。

```
foo start
bar start
bar end
foo end
```

上記のKotlinコードをJavaに変換すると次の通りです。

```
// 抜粋したJavaコード。わかりやすいように多少コードを省略
public static final void foo() {
    System.out.println("foo start");
    bar();
    System.out.println("foo end");
}

public static final void bar() {
    System.out.println("bar start");
    System.out.println("bar end");
}
```

次に `inline` を使ってインライン展開してみます。

```
fun main() {
    foo()
}

// inlineの利用。ローカルインライン関数はまだサポートされていないため、main()の外で定義している
inline fun bar() {
    println("bar start")
    println("bar end")
}

fun foo() {
    println("foo start")
    bar()
    println("foo end")
}
```

Javaコードでは `foo()` に `bar()` の内容が展開し挿入されていることがわかります。

```
// 抜粋したJavaコード。わかりやすいように多少コードを省略
public static final void foo() {
    System.out.println("foo start");
    System.out.println("bar start");
    System.out.println("bar end");
    System.out.println("foo end");
}
```

今回のようなインライン化はパフォーマンスへの影響はごくわずかですが、引数に関数型を持つような関数に有効です。

クラス

クラス宣言

クラスはオブジェクトを生成するための仕組みで、class を用いて宣言します。

```
class Color // クラスの宣言

fun main() {
    val color = Color() // クラスの初期化
}
```

クラスの構成要素には、コンストラクタ、イニシャライザ、関数、プロパティ、インナークラス、オブジェクトなどがあります。また、すべての親クラスは Any になるため、Any の内部に触れて内容を紹介します。 Any クラスを見ると、open キーワードが付加されていることがわかります。しかし、class はデフォルトで final 宣言となり、つまり継承できないクラスとして宣言されます。 Any のように継承したいクラスに対しては、明示的に open 宣言する必要があります。

```
// Any.kt
public open class Any {

    public open operator fun equals(other: Any?): Boolean

    public open fun hashCode(): Int

    public open fun toString(): String
}
```

コンストラクタとイニシャライザ

初期化時にコンストラクタへ必要な情報を渡すことで、新しいオブジェクトを生成できます。コンストラクタを利用するには、constructor を利用しますが、指定していなくても暗黙的に constructor が利用されるため、省略できます。

```
class User1 constructor() // constructorを利用する

class User2 // constructorを省略する

fun main() {
    val user1 = User1() // クラスの初期化
    val user2 = User2() // クラスの初期化
}
```

コンストラクタの引数は必要に応じて、`var`、`val`、指定なしを利用できます。

```
class User(age: Int)
class UserVal(val age: Int)
class UserVar(var age: Int)

fun main() {
    val user = User(age = 31)
    // user.age にアクセスできない

    val userVal = UserVal(age = 31)
    // userVal.age = 32 再割り当てできない
    println(userVal.age) // 31が表示される

    val userVar = UserVar(age = 31)
    userVar.age = 32     // 再割り当てできる
    println(userVar.age) // 32が表示される
}
```

コンストラクタには、プライマリーコンストラクタとセカンダリーコンストラクタの2種類があります。セカンダリーコンストラクタを利用する場合は、`this`でプライマリーコンストラクタを継承する必要があります。したがって、セカンダリーコンストラクタは、プライマリーコンストラクタに依存する関係であることがわかります。また、セカンダリーコンストラクタは複数定義できます。

```
class User {
    constructor() { // プライマリーコンストラクタ
        println("Constructor Primary")
    }

    constructor(age: Int) : this() { // セカンダリーコンストラクタ
        println("Constructor Secondary: age=$age")
    }
}

fun main() {
    // Constructor Primaryが表示される
    val user1 = User()
    // Constructor PrimaryとConstructor Secondary: age=32が表示される
    val user2 = User(age = 32)
}
```

イニシャライザは、コンストラクタよりも前に実行される処理で、`init`を用いることで宣言できます。さらに`init`はブロック宣言を用いることで初期化時に必要な処理内容を記述できます。イニシャライザとコンストラクタの実行順序は次の通りです。

```
class User {
    init { // イニシャライザ
        println("Initializer")
    }

    constructor() { // プライマリーコンストラクタ
        println("Constructor Primary")
    }

    constructor(age: Int) : this() { // セカンダリーコンストラクタ
        println("Constructor Secondary: age=$age")
    }
}

fun main() {
    // InitializerとConstructor Primaryが表示される
    val user1 = User()
    // InitializerとConstructor PrimaryとConstructor Secondary: age=32が表示される
    val user2 = User(age = 32)
}
```

プロパティ

プロパティとはアクセスされたときにフィールドのように振る舞い、フィールドはクラス内部で状態を保持します。プロパティの実装はアクセサー(getter、setter)を使用し、プロパティがアクセスされた時や値を割り当てたいときにアクセサーで定義された内容が実行されます。また、プロパティは、`var`もしくは`val`を用いて宣言でき、必ず初期化する必要があります。次の通り、インスタンスからプロパティにアクセスできます。

```
class Language {
    val lang: String = "kotlin" // プロパティの初期化が必要
    var version: Double = 1.4   // プロパティの初期化が必要
}

fun main() {
    val language = Language()
    println(language.lang)     // kotlinが表示される
    println(language.version) // 1.4が表示される
    language.version = 1.5
    println(language.version) // 1.5が表示される
}
```

プロパティはgetterもしくはsetterを自動的に生成しますが、カスタマイズしたgetter、setterも定義できます。`var`宣言に対しては`get()`と`set()`、`val`宣言に対しては`get()`を利用することでカスタマイズできます。

```
class Language {
    val lang: String
        get() = "kotlin" // val宣言なので、set()を利用できない

    var version: Double = 1.4 // var宣言なので、get()、set()を利用できる
    get() {
        println("Get value=$field")
        return field
    }
    set(value) {
        field = value
        println("Set value=$value")
    }
}

fun main() {
    val language = Language()
    println(language.lang)    // kotlinが表示される
    println(language.version) // Get value=1.4と1.4が表示される
    language.version = 1.5    // Set value=1.5が表示される
    println(language.version) // Get value=1.5と1.5が表示される
}
```

上記コードのsetterを見ると、`field` が利用されています。もちろんsetterだけでなく、getterでも利用できますが、これはバッキングフィールドと呼ばれる特殊なフィールドでフィールド宣言時に自動的に提供されます。内部の値は `field` に格納されるので、setter、getterで内部の値を操作したい場合は `field` を利用します。

インナークラス宣言

クラスの中にクラスを持つような構造を内部クラスと呼び、外部クラスと内部クラスが分離されているため、内部クラスを隠蔽できる効果があります。はじめに単純な `class` をネストする構造で挙動を説明します。

`Versions.Kotlin()` で直接、VersionsクラスからKotlinインスタンスを生成できるようになっています。ネストされたクラスは単に外部クラスの名前空間内のクラスとなっています。したがって、内部のクラスから `outerVersion` にアクセスできず、また外部クラスから `innerVersion` にアクセスできません。

```
class Versions {
    var outerVersion = 0.0

    class Kotlin {
        var innerVersion = 1.4

        fun setOuterVersion(version: Double) {
            // outerVersion = version // コンパイルエラー。outerVersionを参照できないため
        }
    }

    fun setInnerVersion(version: Double) {
        // innerVersion = version // コンパイルエラー。innerVersionを参照できないため
    }
}

fun main() {
    println(Versions.Kotlin().innerVersion) // 1.4が表示される
}
```

ではinner class宣言を用いて内部クラスを定義すると、どう変化するでしょうか。内部クラスから`outerVersion`にアクセスできるようになりました。この結果から`inner class`宣言によって、外部クラスから内部クラスへアクセスはできませんが、内部クラスから外部クラスへアクセスはできることがわかります。

```
class Versions {
    var outerVersion = 0.0

    inner class Kotlin {
        var innerVersion = 1.4

        fun setOuterVersion(version: Double) {
            outerVersion = version // outerVersionを参照できる
        }
    }

    fun setInnerVersion(version: Double) {
        // innerVersion = version コンパイルエラー。innerVersionを参照できないため
    }
}

fun main() {
    println(Versions().Kotlin().innerVersion) // 1.4が表示される
}
```

オブジェクト宣言

`class` ではなく `object` で宣言すると、インスタンスを1つだけ保持するシングルトンクラスを生成できます。

```
object Versions { // object宣言
    const val KOTLIN = 1.4
    const val GRADLE = 6.6
    const val JETPACK_COMPOSE = 0.1

    fun asMap() = mapOf( // 各定数をMapで取得する
        "kotlin" to KOTLIN,
        "gradle" to GRADLE,
        "jetpackCompose" to JETPACK_COMPOSE,
    )
}

fun main() {
    println(Versions.KOTLIN)  // 1.4が出力される
    println(Versions.asMap()) // {kotlin=1.4, gradle=6.6, jetpackCompose=0.1}が出力される
}
```

クラス内にオブジェクトを配置する方法として、`companion object` 宣言があります。`companion object` は、シングルトンで作られており、内包されたプロパティや関数はクラスを介して直接アクセスできます。

```
class Versions {
    companion object { // companion object宣言
        const val KOTLIN = 1.4
        const val GRADLE = 6.6
        const val JETPACK_COMPOSE = 0.1

        fun asMap() = mapOf(
            "kotlin" to KOTLIN,
            "gradle" to GRADLE,
            "jetpackCompose" to JETPACK_COMPOSE,
        )
    }
}

fun main() {
    println(Versions.KOTLIN)  // 1.4が出力される
    println(Versions.asMap()) // {kotlin=1.4, gradle=6.6, jetpackCompose=0.1}が出力される
}
```

抽象クラス宣言

抽象クラスを利用するには、**abstract** で宣言する必要があり、関数やプロパティを抽象化できます。インタフェースと抽象クラスは似ていますが、インタフェースには状態はありません。下記は、**Kotlin** という実装クラスに対して **Language** という抽象クラスを継承したサンプルになります。

```
abstract class Language { // 抽象クラス
    abstract val version: Double

    abstract fun packageName(): String
}

class Kotlin : Language() { // 実装クラス
    override val version = 1.4

    override fun packageName() = "example.kotlin"
}

fun main() {
    val kotlin = Kotlin()
    println(kotlin.version)       // 1.4が表示される
    println(kotlin.packageName()) // パッケージ名が表示される
}
```

SECTION-016

データクラスとシールドクラス

データクラス

データを保持するようなクラスを作成する機会がしばしばありますが、そのようなときに便利なのがデータクラスです。データクラスは `data class` で宣言されたクラスを自動的に `equals()` 、`hashCode()` 、`toString()` などが生成され、ボイラープレートを減らす効果があります。

下記は `Color` というクラスを `data class` で宣言するサンプルになります。 `Color` のコンストラクタに `name` 、`code` プロパティを定義しています。なお、プロパティには、`val` か `var` を指定できます。

```
data class Color( // データクラスの宣言
    val name: String,
    val code: String,
)

val color = Color(
    name = "red",
    code = "FF0000",
)
```

このデータクラスのコードをJavaへデコンパイルしたコードが下記です。 `equals()` 、`hashCode()` 、`toString()` 、`copy()` 、`componentN()` が自動で生成されていることがわかります。

```
// 抜粋したJavaコード
public final class Color {
    @NotNull
    private final String name; // nameフィールド
    @NotNull
    private final String code; // codeフィールド

    @NotNull
    public final String getName() { // nameのgetter
        return this.name;
    }

    @NotNull
    public final String getCode() { // codeのgetter
        return this.code;
    }

    public Color(@NotNull String name, @NotNull String code) { // コンストラクタ
```

```
        Intrinsics.checkNotNullParameter(name, "name");
        Intrinsics.checkNotNullParameter(code, "code");
        super();
        this.name = name;
        this.code = code;
    }

    @NotNull
    public final String component1() { // 分解宣言に利用できる
        return this.name;
    }

    @NotNull
    public final String component2() { // 分解宣言に利用できる
        return this.code;
    }

    @NotNull
    // オブジェクトをコピーする
    public final Color copy(@NotNull String name, @NotNull String code) {
        Intrinsics.checkNotNullParameter(name, "name");
        Intrinsics.checkNotNullParameter(code, "code");
        return new Color(name, code);
    }


    @NotNull
    public String toString() { // 内容を表す文字列
        return "Color(name=" + this.name + ", code=" + this.code + ")";
    }

    public int hashCode() { // ハッシュコードの生成
        String var10000 = this.name;
        int var1 = (var10000 != null ? var10000.hashCode() : 0) * 31;
        String var10001 = this.code;
        return var1 + (var10001 != null ? var10001.hashCode() : 0);
    }

    public boolean equals(@Nullable Object var1) { // オブジェクトの等価性を評価する
        if (this != var1) {
            if (var1 instanceof Color) {
                Color var2 = (Color)var1;
                if (Intrinsics.areEqual(this.name, var2.name) &&
                    Intrinsics.areEqual(this.code, var2.code)) {
                return true;
            }
        }
```

```
            return false;
        } else {
            return true;
        }
    }
}
```

equals() は == で呼び出すことができ、同一のインスタンスであるか比較します。一方で === は参照比較を表します。

```
fun main() {
    data class Color(
        val name: String,
        val code: String,
    )

    val dataA = Color(
        name = "red",
        code = "FF0000",
    )

    val dataB = Color(
        name = "red",
        code = "FF0000",
    )

    val dataC = dataA

    println(dataA == dataB)  // 内容が一致しているのでtrueが表示される
    println(dataA === dataB) // 参照が異なるのでfalseが表示される
    println(dataA === dataC) // 参照が一致しているのでtrueが表示される
}
```

クラスと同様にデータクラスもデフォルトで final ですが、クラスとは異なり、open を利用できないため、継承できません。

```
open data class Color( // コンパイルエラー
    val name: String,
    val code: String,
)
```

シールドクラス

シールドクラスは、制限されたクラス階層を表現できるクラスで sealed class を用いることで利用可能なタイプを制限できます。列挙型と似ているように見えますが、列挙型との違いについても説明していきます。

下記は Color という sealed class に対して、Red 、Green 、Blue の色について階層関係を表します。内部的には Color は抽象化クラスとなり、Red 、Greed 、Blue でそれぞれ Color を継承しています。この例では複数の定数を1つのタイプとして表現しているだけなので、シールドクラスよりも列挙型を利用する方がシンプルになります。

```
sealed class Color { // Colorシールドクラス
    object Red: Color()
    object Green: Color()
    object Blue: Color()
}

fun main() {
    val red = Color.Red
    if (red == Color.Red) {
        println(red) // redの参照アドレスが表示される
    }
}
```

次の例ではHTTPステータスに対して Success 、Failure を保持するような状態管理でシールドクラスを利用します。 Success には code プロパティのみありますが、Failure は code 、error プロパティが定義されています。 when 内でHTTPステータスを比較することでスマートキャストが有効になり、それぞれの状態に応じたデータクラスを安全に利用できます。

```
fun handle(state: HttpState) {
    when (state) {
        is HttpState.Success -> {
            state.code // スマートキャストされる
            // 成功時の何かしらの処理
        }
        is HttpState.Failure -> {
            state.code // スマートキャストされる
            state.error // スマートキャストされる
            // 失敗時の何しからの処理
        }
    }
}


sealed class HttpState { // HttpState シールドクラス
    // 成功を表したデータクラス
    data class Success(val code: Int): HttpState()
```

```
    // 失敗を表したデータクラス
    data class Failure(val code: Int, val error: String): HttpState()
}

fun main() {
    handle(HttpState.Success(code = 200)) // handle()の成功時の処理が呼ばれる
}
```

なお、シールドクラスには列挙型の `values()` 、`names()` 、`valueOf()` などが提供されていません。

```
enum class Color {
    Red,
    Green,
    Blue;
}

fun main() {
    println(Color.valueOf("Red")) // Redが表示される
    println(Color.values())       // Color配列の参照が表示される
    println(Color.Red.name)       // Redが表示される
    println(Color.Red.ordinal)    // 0(index)が表示される
}
```

インタフェース

概要

インタフェースとは型の概念を宣言したもので、インタフェースの概念を実装することで機能になります。 interface を用いると抽象化された関数やプロパティの宣言ができ、デフォルト実装は除きますが、実装を保持しません。プロパティはバッキングフィールドを持つことができないため、setterを宣言できず、クラスでインタフェースを利用したい場合はオーバーライドする必要があります。

下記のサンプルでは Animal の interface を定義し、実装クラスは Cat を作成しました。 interface を利用するには、継承と同じように : を用いて実装クラスを定義します。

```
interface Animal { // interfaceの宣言
    val name: String // 抽象化したプロパティ
    fun greet(message: String) // 抽象化した関数
}

class Cat : Animal { // 実装クラスの宣言
    override val name: String // 実装プロパティ
        get() {
            return "Siamese"
        }

    override fun greet(message: String) { // 実装メソッド
        println("$name $message")
    }
}

fun main() {
    val cat = Cat()
    println(cat.name)  // Siameseが表示される
    cat.greet("Hello") // Siamese Helloが表示される
}
```

デフォルトの実装

インタフェースは関数のデフォルトの実装を定義でき、再実装することなく再利用できます。加えて、関数だけではなく、プロパティのgetterについてもデフォルトの実装ができます。


```
interface Calculator {
    val default
    get() = 2 // getter のデフォルト実装
    fun times(x: Int) = x * default // 掛け算する関数のデフォルト実装
}

fun main() {
    val runner = object : Calculator {}
    val result = runner.times(10)
    println(result) // 20が表示される
}
```

SAMインタフェース

SAMインタフェースとは、Single Abstract Methodの略でメソッドを1つしか持たない抽象クラスです。利用するための注意点として、SAMインタフェースを利用するには、Kotlin 1.4以上である必要があります。さらに `interface` に `fun` 宣言を加える必要があり、`object` を使用する必要がないため、コードが読みやすくなります。

SAMインタフェースで宣言することによって、インタフェースを呼び出す側でラムダを利用できます。

```
// Kotlin 1.3
interface Calculator {
    fun times(x: Int): Int
}

fun main() {
    val result = object : Calculator {
        override fun times(x: Int) = x * 2
    }

    println(result.times(10)) // 20が表示される
}
```

```
// Kotlin 1.4
fun interface Calculator {
    fun times(x: Int): Int
}

fun main() {
    val result = Calculator { it * 2 } // SAMインタフェースなので、ラムダを利用できる
```

```
    println(result.times(10)) // 20が表示される
}
```

もし、インタフェースに複数の抽象メソッドを定義した場合、コンパイラが **fun interface** は1つの抽象メソッドだけが必要という旨の警告を表示します。

```
fun interface Calculator { // コンパイラエラー。SAMインタフェースに複数抽象メソッドを定義できない
    fun times(x: Int): Int
    fun div(x: Int): Int
}
```

なお、SAMインタフェースではインタフェースのデフォルト実装を利用できません。

```
fun interface Calculator { // コンパイルエラーとなる
    fun times(x: Int): Int {
        return x * 2
    }
}
```

継承

概要

継承は既存のクラスの動作を別のクラスから再利用するための仕組みです。Kotlinの親クラスは`Any`であるため、すべてのクラスに`Any`が継承されています。`Any`には`equals()`、`hashCode()`、`toString()`などが定義されています。

```
// Any.kt
public open class Any {
    public open operator fun equals(other: Any?): Boolean

    public open fun hashCode(): Int

    public open fun toString(): String
}
```

```
class Kotlin

fun main() {
    val kotlin = Kotlin()
    println(kotlin.toString()) // アドレスが表示される
}
```

継承元となるクラスには、`open`を付加する必要があります。なぜなら、`class`にはデフォルトで`final`が定義されているため、継承できない設計になっているからです。また、継承先では、`:`を用いて継承クラスを指定してクラス宣言します。

```
open class Language         // デフォルトfinalなので、openを指定する
class Kotlin : Language() // Languageを継承したクラス
```

オーバーライド

親クラスに関数がある場合のオーバーライドについて説明します。クラスが`final`であると同様に、その関数も`final`となるため、関数に対しても`open`を指定する必要があります。関数に対してオーバーライドするには、`override`を利用する必要があります。

```
open class Language {  // デフォルトfinalなので、openを指定
    open fun hello() { // デフォルトfinalなので、openを指定
        println("Hello Language")
    }
}

class Kotlin : Language() {
```

```
    override fun hello() { // overrideを使ってhello()をオーバーライドする
        println("Hello Kotlin")
    }
}

fun main() {
    val kotlin = Kotlin()
    kotlin.hello() // Hello Languageではなく、Hello Kotlinが表示される
}
```

また、abstractを用いて抽象化クラスとして宣言できます。クラスだけではなく、関数やプロパティなども抽象化できます。

```
abstract class Language { // abstractを用いてクラスの抽象化
    abstract fun hello()  // hello()を抽象化
}

class Kotlin : Language() {
    override fun hello() {
        println("Hello Kotlin")
    }
}

fun main() {
    val kotlin = Kotlin()
    kotlin.hello() // Hello Kotlinが表示される
}
```

例外処理

概要

プログラミングにおいてエラーを避けることは難しいですが、エラーが発生したときに例外を発生させることで、エラーを停止して例外処理として実行できます。例外を発生させるには`throw`を使用し、例外を処理するには`try-catch`を使用します。また、`try`は式であるため、結果を受け取ることができます。

`Throwable`はすべてのエラーもしくは例外の基本的なクラスで、`throw`また`try-catch`で`Throwable`のインスタンスを使用します。

なお、生産性とコード品質の観点からKotlinには検査例外がありません。検査例外とは、`catch`しないとコンパイルエラーとなる例外です。

```
// Throwable.kt
public open class Throwable(open val message: String?, open val cause: Throwable?) {
    constructor(message: String?) : this(message, null)

    constructor(cause: Throwable?) : this(cause?.toString(), cause)

    constructor() : this(null, null)
}
```

実際に例外を発生させてみます。

```
fun main() {
    // throwを使った例外発生
    // Exception in thread "main" java.lang.Exception:例外発生と例外が表示される
    throw Exception("例外")
}
```

`throw`を利用して例外が発生し、プログラムが強制終了されます。`Nothing`を返し、到達し得ないのが`throw`であるため、`Nothing`を利用して表現されています。

```
fun main() {
    // キャストに失敗した例外発生
    // class java.lang.String cannot be cast to class java.lang.Integerと例外が表示される
    "a".toInt()
}
```

StringからIntにキャストしており、キャストに失敗した例外が発生し、プログラムが強制終了されます。また、それぞれスタックトレースが表示されます。スタックトレースとは例外発生したファイルや行を示し、問題を特定するのに役立ちます。スタックトレースを見てみると、例外で指定したメッセージと変換できない型にキャストしている旨のメッセージであることがわかります。例外のメッセージを有用なメッセージにすることで将来的なサポートに繋がります。

次にtry-catchを利用して例外ハンドリングをします。

```
fun main() {
    try {
        val i = "a".toInt()
    } catch (e: Exception) {
        // class java.lang.String cannot be cast to class java.lang.が表示される
        println(e.message)
    }
}
```

今度は例外ハンドリングをしているため、プログラムが強制終了されず、例外のメッセージが出力されます。 tryは何かしらの処理を記述し、catchで例外ハンドリングをします。さらにfinallyを用いることで終了処理を指定できます。加えて、if 、whenと同様にtry-catchは式として利用できます。

```
fun main() {
    val result = try {
        // 何かしらの処理
    } catch (e: Exception) {
        // 例外処理
    } finally {
        // 終了処理
    }
}
```

スマートキャスト

概要

スマートキャストとは、型のチェックをすることで自動的かつ安全にキャストする機能です。つまりスマートキャストが適用されると明示的なキャストを使用する必要がありません。

下記の例では、`x` が `Int` の型であることを確認することでスマートキャストが有効になり、コンパイラは `x` が `Int` であると当該スコープ内で認識します。その結果、当該スコープ内で `x` は `Int.toString(radix: Int)` を呼ぶことができます。なお、オブジェクトがインタフェースや型の定義を含んでいるか確認するには、`is` を用います。

```
fun main() {
    val x:Any = 42
    if (x is Int) { // isでIntであるかチェック
        println(x.toString(radix = 2)) // スマートキャストでIntと認識され、101010と表示される
    }
}
```

一方で強制的にキャストするには `as` を利用します。キャストに失敗すると、`ClassCastException` 例外が発生しますが、スマートキャストは型安全であるため、強制的なキャストが不要になります。

```
fun main() {
    val x:Any = 42
    if (x is Int) {
        val s = x as Int // スマートキャストによって、asでキャストする必要がない
        println(s.toString(radix = 2))
    }
}
```

スコープ関数

概要

スコープ関数はオブジェクトにアクセスできる一時的なスコープを作成し、ブロック内でオブジェクトが利用可能になることでコードを読みやすくします。いくつかのスコープ関数が提供されており、これらの関数は基本的には同じような処理を行いますが、異なる点は次の通りです。

スコープ関数	コンテキストオブジェクト	戻り値	拡張関数
let	it	ラムダの実行結果	拡張関数である
run	this	ラムダの実行結果	拡張関数である
with	this	ラムダの実行結果	拡張関数ではない
apply	this	コンテキストオブジェクト	拡張関数である
also	it	コンテキストオブジェクト	拡張関数である

`let` はラムダの実行結果を返すため、式として利用できます。コンテキストオブジェクトが `it` です。 `it` はラムダパラメータです。

`run` はラムダの実行結果を返すため、式として利用できます。コンテキストオブジェクトが `this` です。 `this` はレシーバーです。

`with` はラムダの実行結果を返すため、式として利用できます。コンテキストオブジェクトは `this` です。

`apply` はコンテキストオブジェクトを返します。コンテキストオブジェクトは `this` です。

`also` はコンテキストオブジェクトを返します。コンテキストオブジェクトは `it` です。

`let` から `also` までの実行サンプルは次の通りです。

```
data class Color(var name: String)

fun main() {
    val number = 10
    println(number.let { it * 2 })      // 20が出力される
    println(number.run { this * 2 })    // 20が出力される
    println(with(number) { this * 2 }) // 20が出力される
    println(number.also { it * 2 } )    // 10が出力される
    println(number.apply { this * 2 }) // 10が出力される

    val red = Color(name = "red")
    println(red.let { it.name = "black" })  // Unitが出力される
    println(red.run { name = "black" })     // Unitが出力される
    println(with(red) { name = "black" })   // Unitが出力される
    println(red.also { it.name = "black" }) // Color(name=black)が出力される
    println(red.apply { name = "black" })   // Color(name=black)が出力される
}
```

スコープ関数はコードを簡潔にできますが、スコープ関数同士がネストした場合には `this` または `it` が複数登場するため、混乱を招く恐れがあるので注意が必要です。

戻り値のコンテキストオブジェクトとラムダの実行結果

スコープ関数の戻り値は2パターンあるのでそれぞれ説明します。はじめに戻り値のコンテキストオブジェクトは、コンテキストオブジェクト自体を返却しているため、メソッドチェインのように関数を実行できます。

```
data class Color(var name: String)

fun main() {
    val red = Color(name = "red")

    val name = red.apply {
        name = "black"
    } // nameをblackに変更したColorオブジェクトが返却される
    .name.capitalize() // nameの先頭文字を大文字に変換する

    println(name) // Blackが出力される
}
```

一方で戻り値がラムダの実行結果の場合は、その結果を返却します。ラムダの実行結果がオブジェクトであれば、メソッドチェインのように関数を実行できます。必ずしも戻り値が必要であるわけではありません。

```
data class Color(var name: String)

fun main() {
    val red = Color(name = "red")

    val name = red.let {
        it.name = "black"
        it
    } // ラムダの実行結果として最後のitが返却される
    .name.capitalize() // nameの先頭文字を大文字に変換する

    println(name) // Blackが出力される
}
```

コンテキストオブジェクトのthisとit

スコープ関数のコンテキストオブジェクトは2パターンあるのでそれぞれ説明します。コンテキストオブジェクトは、短い参照名として `this` または `it` で呼び出すことができます。 `this` はレシーバー、`it` はラムダパラメータを表します。

```
data class Color(var name: String)

fun main() {
    val red = Color(name = "red")
    red.let { it.name = "black" } // ラムダパラメータとして、itを利用できる。

    // レシーバーとしてthisを利用できる。またthisを省略できる。
    red.apply { this.name = "black" }
}
```

itはラムダパラメータなので、名前付きパラメータとして利用できます。

```
data class Color(var name: String)

fun main() {
    val red = Color(name = "red")
    red.let { args ->  // コンパイルOK。ラムダであるため名前付き引数を利用できる
        args.name = "black"
    }

    red.apply { args -> // コンパイルNG。ラムダのパラメータではないため
        name = "black"
    }
}
```

SECTION-022

ラムダとクロージャー

ラムダ

ラムダは名前を持たない関数で無名関数と比べてよりコンパクトに任意の関数を宣言できます。関数同様にラムダは式であるため、結果を受け取ることができ、型推論も利用できます。

```
fun main() {
    val anonymous = fun() {} // 無名関数の宣言
    anonymous() // 無名関数を実行

    val lambda = {} // ラムダの宣言
    lambda() // ラムダを実行
}
```

ラムダは無名関数と比べて、`return` が利用不可、名前付き引数が利用不可など違いがあります。

```
fun main() {
    // 無名関数
    val anonymous = fun(name: String): String {
        return "$name anonymous"
    }

    println(anonymous("test method")) // test method anonymousが表示される

    // ラムダ
    val lambda = { name: String -> // ->の前に引数、->の後に処理を記述する
        "$name lambda" // returnは使えない
    }

    println(lambda("test method")) // test method lambdaが表示される。名前付き引数は使えない
}
```

任意の関数からラムダとして呼び出すには、引数に関数型を定義する必要があります。引数が複数ある場合、最後の引数が関数型であればラムダとして利用できます。

```
fun main() {
    // 引数が1つの場合
    fun actionSingleArgument(action:() -> String): String { // 引数なしの文字列を返す関数型
        return action() // 引数の関数を実行
    }

    val result1 = actionSingleArgument { "action" }
    println(result1) // actionが表示される
```

```
    // 引数が複数の場合
    // 最後の引数を関数型にする
    fun actionMultipleArguments(list: List<Int>, action: (Int) -> Int): List<Int> {
        val mutableList = mutableListOf<Int>()

        list.forEach {
            mutableList.add(action(it)) // action()結果を新しいListに追加する
        }

        return mutableList
    }

    val result2 = actionMultipleArguments(listOf(1,2,3)) { // 第1引数にListとラムダを利用する
        it * 2
    }

    println(result2) // [2, 4, 6] が表示される
}
```

多くのコレクション関数にもラムダがサポートされており、独自のラムダの関数を作成することなくラムダを利用できます。

```
fun main() {
    val list = listOf(1, 2, 3, 4,)
    val mapList = list.map { it * 2 } // 引数を省略して、itを利用できる
    println(mapList) // [2, 4, 6, 8] が表示される

    val evenList = list.filter { it % 2 == 0 }
    println(evenList) // [2, 4]が表示される

    val hasEven = list.any { it % 2 == 0 }
    println(hasEven) // trueが表示される

    list.mapIndexed { index, element -> // 複数のパラメータを名前付きにする
        // index: 0 element: 1からindex: 3 element: 4が表示される
        println("index: $index element: $element" )
    }

    list.mapIndexed { _, element ->  // 利用しないパラメータは_で省略できる
        println("element: $element" ) // element: 1からelement: 4まで表示される
    }
}
```

クロージャー

クロージャーはラムダ式の中から外部のスコープで宣言された変数にアクセスできます。

```
fun main() {
    var i = 0
    (1..10).filter { it % 2 == 0 }.forEach {
        i += it // ラムダの外部の変数に対してもアクセスできる
    }
    println(i) // 30が表示される
}
```


内部的にはクロージャーは関数のインスタンスを再生成されますが、一方でラムダや無名関数は再利用されるという違いがあります。

```
fun action(a: () -> Unit): Unit {} // ラムダを利用するための関数

fun main() {
    var i = 0

    action {} // 外部スコープの変数へのアクセスなし
    action { i = 1 } // 外部スコープの変数へのアクセスあり
}
```

上記のコードをJavaへデコンパイルしたコードは次の通りです。

```
// Javaコードの抜粋
public final class MainKt {
    public static final void action(@NotNull Function0 a) {
        Intrinsics.checkNotNullParameter(a, "a");
    }

    public static final void main() {
    final IntRef i = new IntRef();
    i.element = 0;
    action((Function0)null.INSTANCE); // 関数のインスタンスが再利用される
    action((Function0)(new Function0() { // 関数のインスタンスが生成される

        public Object invoke() {
            this.invoke();
            return Unit.INSTANCE;
        }

        public final void invoke() {
            i.element = 1;
        }
   }));
```

```
    public static void main(String[] var0) {
        main();
    }
}
```

外部スコープの変数へのアクセスがない場合はインスタンスが再利用されていますが、外部スコープの変数へのアクセスがある場合はインスタンスが再生成されていることがわかります。

ジェネリクス

概要

ジェネリクスは型パラメータを作成できる機能で、クラスまたは関数の型制約を緩和できるので高い表現力を提供します。たとえば、コレクションのList、Map、Setではジェネリクスが利用されており、任意の型を利用できるので再利用性が高いです。

サンプルとして `Holder` というクラスに対してジェネリクスを使って説明します。`Holder` はT型パラメータを定義し、`getValue()` はT型パラメータを返し、通常の型であるかのように振る舞います。したがって、`Holder` の引数に任意の型を渡し、`getValue()` で呼び出した際には自動的に正しい型で値を取得できます。

```
class Holder<T>( // ジェネリクスを用いてさまざまな型を受け取れるように定義する
    private val value: T,
) {
    fun getValue(): T = value
}

fun main() {
    println(Holder("hello").getValue()) // helloが表示される
    println(Holder(1).getValue())       // 1が表示される
    println(Holder(true).getValue())    // trueが表示される
}
```

ジェネリクスの内部で実際に何が起こっているのか確認するために、Javaコードへ変換してみてます。

```
// 抜粋したJavaコード
public final class Holder {
   private final Object value;

   public final Object getValue() {
      return this.value;
   }

   public Holder(Object value) {
      this.value = value;
   }
}

public final class MainKt {
   public static final void main() {
      Object var0 = (new Holder("hello")).getValue();
```

```
        System.out.println(var0);
        int var2 = ((Number)(new Holder(1)).getValue()).intValue(); // Number型にキャストされる
        System.out.println(var2);
        boolean var3 = (Boolean)(new Holder(true)).getValue(); // Boolean型にキャストされる
        System.out.println(var3);
    }
}
```

Holder の value が Object 型で定義されており、呼び出す際には任意の型にキャストしているため、型情報が保持されていることがわかります。

Anyとの違い

すべての親クラスである Any は、さまざまな型を渡す際に利用できます。では、Any とジェネリクスの違いはなんでしょうか。先ほどの Holder の value を Any で定義して違いを説明します。

```
class Holder( // ジェネリクスではなく、Anyを利用する
    private val value: Any,
) {
    fun getValue(): Any = value
}

fun main() {
    println(Holder("hello").getValue()) // helloが表示される
    println(Holder(1).getValue())       // 1が表示される
    println(Holder(true).getValue())    // trueが表示される
}
```

ジェネリクスと同様の結果が表示されました。Javaコードへ変換して、内部の違いを確認してみると、Any の場合はキャストなしで型情報が失われていることがわかります。

```
// 抜粋したJavaコード
public final class Holder {
   private final Object value;

   public final Object getValue() {
      return this.value;
   }

   public Holder(Object value) {
      super();
      this.value = value;
   }
}

public final class MainKt {
```

```
    public static final void main() {
        Object var0 = (new Holder("hello")).getValue();
        System.out.println(var0);
        var0 = (new Holder(1)).getValue();     // 適切な型にキャストされない
        System.out.println(var0);
        var0 = (new Holder(true)).getValue(); // 適切な型にキャストされない
        System.out.println(var0);
    }
}
```


詳しく説明するため、Any と Generics の Holder を作成し、Dog クラスを渡します。GenericsHolder からは、型情報を保持しているため、Dog の bark() を呼び出すことができます。一方、AnyHolder は、Any で型情報を保持できないことによって Dog 型と認識できないため、bark() を呼び出すことができず、コンパイルエラーとなります。

```
class AnyHolder( // Anyを用いたHolderクラスの宣言
    private val value: Any
) {
    fun getValue(): Any = value
}

class GenericsHolder<T>( // ジェネリクスを用いたHolderクラスの宣言
    private val value: T
) {
    fun getValue(): T = value
}

class Dog { // Dogクラスの宣言
    fun bark() = "Wan Wan"
}

fun main() {
    println(AnyHolder(Dog()).getValue().bark())  // コンパイルエラー。bark()を呼び出せない
    println(GenericsHolder(Dog()).getValue().bark()) // Wan Wanが表示される
}
```

Any 型ですべての型を受け付けるようにした際、実際に呼び出す側では強制的にキャストする必要があります。これは、Dog 型以外でキャストされると、ランタイム時にキャスト失敗の例外が発生するため、注意が必要です。

```
class AnyHolder(
    private val value: Any
) {
    fun getValue(): Any = value
}
```

```
class GenericsHolder<T>(
    private val value: T
) {
    fun getValue(): T = value
}

class Dog {
    fun bark() = "Wan Wan"
}

fun main() {
    // Wan Wanが表示されるが、強制的にDogをキャストしなければ呼び出せない
    println((AnyHolder(Dog()).getValue() as Dog).bark())
}
```


不変、共変、反変

ジェネリクスの型パラメータには親子関係を示すための3つの関係性があります。

- 不変：サブタイプの関係性にない
- 共変：サブタイプの関係性にある
- 反変：スーパータイプの関係性にある（サブタイプを逆転した関係性にある）

次のデータクラスと親子関係を示す Kotlin クラス、Language クラスを用いて、不変、共変、反変を説明します。

```
// デフォルトのジェネリクスなので不変
data class PairInvariant<A, B>(
    val first: A,
    val second: B,
)

// outを利用しているので共変
data class PairCovariant<out A, out B>(
    val first: A,
    val second: B,
)

// inを利用しているので反変
data class PairContravariant<in A, in B>(
    // val宣言によって共変として認識される。privateにすることで反変に認識される
    private val first: A,
    // val宣言によって共変として認識される。privateにすることで反変に認識される
    private val second: B,
)
```

```
// Kotlin の親クラス
open class Language {}

// Language の子クラス
class Kotlin : Language()
```


まずはデフォルト設定の不変です。PairInvariantは不変で定義されており、PairInvariant<Language, Language>、またはPairInvariant<Kotlin, Kotlin>と同一の型のインスタンス取得に成功します。一方で、サブタイプとスーパータイプの場合はコンパイルエラーとなります。

```
// デフォルトのジェネリクスなので不変
data class PairInvariant<A, B>(
    val first: A,
    val second: B,
)

// outを利用しているので共変
data class PairCovariant<out A, out B>(
    val first: A,
    val second: B,
)

// inを利用しているので反変
data class PairContravariant<in A, in B>(
    // val宣言によって共変として認識される。privateにすることで反変に認識される
    private val first: A,
    // val宣言によって共変として認識される。privateにすることで反変に認識される
    private val second: B,
)

// Kotlin の親クラス
open class Language {}

// Language の子クラス
class Kotlin : Language()

fun main() {
    // Kotlin、Languageのペアクラスを初期化できる
    val pairInvariantOK1: PairInvariant<Kotlin, Kotlin> =
        PairInvariant<Kotlin, Kotlin>(Kotlin(), Kotlin())
    val pairInvariantOK2: PairInvariant<Language, Language> =
        PairInvariant<Language, Language>(Language(), Language())

    // サブタイプ、もしくはサブタイプをスーパータイプの関係で許可していないため、
    // コンパイルエラーとなる
```

```
    val pairInvariantNG1: PairInvariant<Language, Language> =
        PairInvariant<Kotlin, Kotlin>(Kotlin(), Kotlin())
    val pairInvariantNG2: PairInvariant<Kotlin, Kotlin> =
        PairInvariant<Language, Language>(Language(), Language())
}
```


続いて out を用いた共変です。 PairCovariant は共変で定義されており、サブタイプの関係性でも利用できるようになります。

```
fun main() {
    // Kotlin、Language、サブタイプのペアクラスを初期化できる
    val pairCovariantOK1: PairCovariant<Kotlin, Kotlin> =
        PairCovariant<Kotlin, Kotlin>(Kotlin(), Kotlin())
    val pairCovariantOK2: PairCovariant<Language, Language> =
        PairCovariant<Language, Language>(Language(), Language())
    val pairCovariantOK3: PairCovariant<Language, Language> =
        PairCovariant<Kotlin, Kotlin>(Kotlin(), Kotlin())

    // スーパータイプの関係を許可していないため、コンパイルエラーとなる
    val pairCovariantNG1: PairCovariant<Kotlin, Kotlin> =
        PairCovariant<Language, Language>(Language(), Language())
}
```

最後に in を用いた反変です。 PairContravariant は反変で定義されており、共変とは反対にサブタイプの親子関係を逆転した関係で利用できるようになりました。

```
fun main() {
    // Kotlin、Language、スーパータイプの関係を初期化できる
    val pairContravariantOK1: PairContravariant<Kotlin, Kotlin> =
        PairContravariant<Kotlin, Kotlin>(Kotlin(), Kotlin())
    val pairContravariantOK2: PairContravariant<Language, Language> =
        PairContravariant<Language, Language>(Language(), Language())
    val pairContravariantOK3: PairContravariant<Kotlin, Kotlin> =
        PairContravariant<Language, Language>(Language(), Language())

    // サブタイプの関係を許可していないため、コンパイルエラーとなる
    val pairContravariantNG1: PairContravariant<Language, Language> =
        PairContravariant<Kotlin, Kotlin>(Kotlin(), Kotlin())
}
```

アクセス修飾子

概要

クラス、関数、インタフェース、プロパティなど可視性を制御するためにいくつかのアクセス修飾子が提供されています。

- public
  - アクセス修飾子を宣言をしていないとデフォルトでpublicとなる
  - どこからでもアクセスできる
- internal
  - 同じモジュール内でアクセスできる
- protected
  - トップレベルで利用できない
  - サブクラスからアクセスできる
  - 同じクラスからアクセスできる
- private
  - 宣言を含むファイル内でのみアクセスできる
  - 指定したクラス内でのみアクセスできる
  - 外部のクラスからアクセスできない
  - 同じクラスからアクセスできる

下記はクラスと関数に対してそれぞれアクセス修飾子を試したサンプルです。

```
class ProjectDefault {
    fun p() {
        println("ProjectDefault")
    }
}

public class ProjectPublic {
    public fun p() {
        println("ProjectPublic")
    }
}

internal class ProjectInternal {
    internal fun p() {
        println("ProjectInternal")
    }
}
```

```
// protectedはトップレベルで宣言できない
protected class ProjectProtected {
    protected fun p() {
        println("ProjectProtected")
    }
}

private class ProjectPrivate {
    private fun p() {
        println("ProjectPrivate")
    }
}

fun main() {
    ProjectDefault().p()   // ProjectDefaultが表示される
    ProjectPublic().p()    // ProjectPublicが表示される
    ProjectInternal().p()  // ProjectInternalが表示される
    ProjectPrivate().p()   // p()を呼べない
    ProjectProtected().p() // トップレベルなので、ProjectProtectedを呼べない
}
```

拡張関数

概要

拡張関数とはクラスに対して独自の関数を定義できる機能です。作成したクラスだけでなく、サードパーティライブラリのクラスに対しても関数を定義できます。拡張関数を定義するには、関数宣言に対して型を `.` で連結します。拡張された型をレシーバータイプと呼び、拡張関数内で `this` というレシーバーオブジェクトを利用できます。

次の例では、`String` に `p()` というレシーバーオブジェクトを出力する拡張関数を作成しました。実行してみると、`test` が出力されます。 `String` は本来操作できない標準クラスですが、拡張関数を使うことであたかも実装されていた関数のように振る舞うことができます。レシーバーオブジェクトである `this` を使用して、関数やプロパティにアクセスでき、`this` を省略して関数やプロパティにアクセスすることもできます。

```
fun String.p() {  // Stringの拡張関数。Stringはレシーバータイプ
    println(this) // thisはレシーバーオブジェクト
}

fun main() {
    "test".p() // testが表示される
}
```

メンバー関数と同じ名前の拡張関数を定義した場合は、メンバー関数が優先されます。`String` には `get(index: Int)` というインデックスに応じて文字を返すメンバー関数が定義されています。

```
fun String.get(index: Int): Char { // Stringのget(index: Int)と同名の拡張関数を定義する
    return 'c'
}

fun main() {
    println("test".get(0)) // メンバー関数が優先されて、tが表示される
}
```

すでに定義されている拡張関数と同名の拡張関数を定義した場合、同一パッケージにある拡張関数が優先されます。たとえば、`String.capitalize()` はすでに存在する先頭文字を大文字に変換する関数ですが、同一パッケージに同名の拡張関数を定義したところ拡張関数が優先されていることがわかります。

```
package test.capitalize

fun String.capitalize(): String { // String.capitalize()と同名の拡張関数を定義する
    return "test"
}

fun main() {
    println("test".capitalize()) // testが出力される
}
```

プロパティ

関数を拡張できるのと同様にプロパティも拡張プロパティとして定義できます。拡張プロパティ内はレシーバーオブジェクトやgetterを利用できますが、setterは利用できません。

```
val String.size: Int // 文字列の長さを取得するプロパティ
    get() {
        return this.length // getterは利用できるが、setterは利用できない。
    }

fun main() {
    println("test".size) // 4が出力される
}
```

Null安全な拡張関数

Null許容型に対しても拡張関数を定義できます。たとえば、`Any?.toString()` はオブジェクトの文字列を返しますが、Nullレシーバータイプを呼び出すことができます。もしNullの場合は、文字列nullを返します。

次の例では、`String` のNull許容型が `Null` でないことを確認する `isNotNull()` という拡張関数を定義しました。文字列からの呼び出しはNull許容型であってコンパイルエラーとならず、呼び出すことができます。

```
fun String?.isNotNull(): Boolean { // 文字列がNullでないことを確認する拡張関数
    return this != null
}

fun main() {
    val text: String? = "kotlin"

    if (text.isNotNull()) {
        println(text) // kotlinが表示される
    }
}
```

分解宣言

component1()、component2()、componentN()

分解宣言とはオブジェクトを分解して複数の変数として受け取ることができます。ただし、クラスに対して `component1()` 、`component2()` 、`componentN()` を `operator` を使ってオーバーロードする必要があります。

```
class Component(val a: String, val b: String) {
    operator fun component1() = a // component1()はoperatorを使ってオーバーロードする
    operator fun component2() = b // component2()はoperatorを使ってオーバーロードする
}

fun main() {
    val (a, b) = Component( // 分解宣言を使って、a、b変数に分解する
        a = "component1",
        b = "component2"
    )

    println(a) // component1が出力される
    println(b) // component2が出力される
}
```

`component1()` 、`component2()` 、`componentN()` で指定した順序によって分解宣言できます。特定のプロパティだけを取得できませんが、必要のないプロパティは、`_` を使用して省略できます。

```
class Component(val a: String, val b: String) {
    operator fun component1() = a // component1()はoperatorを使ってオーバーロードする
    operator fun component2() = b // component2()はoperatorを使ってオーバーロードする
}

fun main() {
    val (a, _) = Component( // 使用しない変数は_で省略できる
        a = "component1",
        b = "component2"
    )

    println(a) // component1が出力される
}
```

データクラスを用いた分解宣言

データクラスの内部では、component1()、component2()、componentN()が自動で生成されます。そのため、component1()、component2()、componentN()の定義なしで分解宣言できます。たとえば、Pairという2つのオブジェクトを保持できる標準クラスがありますが、このクラスはデータクラスで実装されています。

```
// Tuples.kt
public data class Pair<out A, out B>(
    public val first: A,
    public val second: B
) : Serializable {
    public override fun toString(): String = "($first, $second)"
}
```

Pairは次のように2つの変数として分解できます。

```
fun main() {
    val (a, b) = Pair(1, 2) // 分解宣言
    println(a) // 1が表示される
    println(b) // 2が表示される
}
```

先ほどは、2つの結果を分解宣言する場合を紹介しましたが、3つの場合は標準クラスのTripleを使います。

```
// Tuples.kt
public data class Triple<out A, out B, out C>(
    public val first: A,
    public val second: B,
    public val third: C
) : Serializable {
    public override fun toString(): String = "($first, $second, $third)"
}

fun main() {
    val (a, b, c) = Triple(1,2,3) // 分解宣言
    println(a) // 1が表示される
    println(b) // 2が表示される
    println(c) // 3が表示される
}
```

標準クラスではPair、Tripleが提供されていますが、たとえば4つ以上のパラメータを利用したい場合は、データクラスで簡単に定義できます。

```
data class Fourth(
    val first: Int,
    val second: Int,
    val third: Int,
    val fourth: Int,
)

fun main() {
    val (a, b, c, d) = Fourth(1,2,3, 4) // 分解宣言
    println(a) // 1が表示される
    println(b) // 2が表示される
    println(c) // 3が表示される
    println(d) // 4が表示される
}
```

遅延初期化

lazy

ネットワークリクエストやデータベースアクセスや複雑でコストのかかる計算など、必ずしもすぐに初期化する必要はありません。これらの起因により、アプリケーションの起動時間が長くなったり、使用されていない不要な処理が発生する可能性があります。

これらの課題について、変数やプロパティに対して lazy で宣言することで、最初に変数やプロパティがアクセスされた際に初期化されます。たとえば、下記のサンプルでは、calculateLazyResult の初期値は最初に計算されたときにのみ計算されます。もし、calculateLazyResult にアクセスしなければ初期化は発生しません。

```
val calculateLazyResult by lazy { calculateComplex() } // 遅延初期化

fun calculateComplex(): Int { // 何かしらの複雑な処理
    println("calculateComplex")
    return 100
}

fun main() {
    println("main start")           // main startが出力される
    println(calculateLazyResult) // calculateComplexと100が出力される
    println(calculateLazyResult) // 100が出力される
    println("main end")             // main endが出力される
}
```

lateinit

フレームワークやライブラリによっては、クラスのプロパティを作成後に初期化したい場合があります。そのようなときに lateinit を利用することで、初期化のタイミングを遅らせることができます。

```
lateinit var name: String // lateinitを利用したプロパティ宣言

fun main() {
    name = "kotlin" // 任意のタイミングでnameプロパティを初期化する
    println(name) // kotlinが出力される
}
```

lateinit は、val ではなく var プロパティのみ使用できます。他にもいくつか制約があり、プロパティは Null 以外の型である必要があり、プロパティは基本型を許可していません。加えて、lateinit は抽象化クラスの抽象プロパティやgetter、setterを持つプロパティにも許可されていません。

Type Alias

概要

Type Aliasは `typealias` を用いて宣言することで、既存の型の代替名として利用できます。目的に応じた型名を定義することで可読性が向上します。また、`typealias` はトップレベルで宣言できます。

List、Set、Mapに対してそれぞれ `typealias` を用いて表現した例は次の通りです。

```
fun getMobileList(): MobileList { // モバイルリストを取得する
    return listOf("mobile a", "mobile b", "mobile c")
}

fun getNetworkNodeSet(): NetworkNodeSet { // ネットワークノードのセットを取得する
    return setOf("node1", "node1", "node1")
}

fun getStorageMap(): StorageMap { // ストレージマップを取得する
    return mapOf("local storage" to "https://xxx")
}

// typealiasで定義
typealias MobileList = List<String>
typealias NetworkNodeSet = Set<String>
typealias StorageMap = Map<String, String>

fun main() {
    println(getMobileList())     // [mobile a, mobile b, mobile c]が表示される
    println(getNetworkNodeSet()) // [node1]が表示される
    println(getStorageMap())     // {local storage=https://xxx}表示される
}
```

次のように関数型においても別名となる型を定義できます。

```
fun httpHandler(handler: HttpHandler) { // HTTPリクエストをハンドリングする
    handler(200, "OK")
}

// 関数型にtypealiasを定義する
typealias HttpHandler = (code: Int, message: String) -> Unit

fun main() {
    httpHandler { code, message ->
        println(code) // 200が表示される
        println(message) // OKが表示される
```

```
    }
}
```

Delegated Properties

概要

既存のクラスやプロパティに対して機能を簡単に委譲する仕組みが提供されており、`by`を用いて利用できます。Delegated Propertiesには`ReadWriteProperty`と`ReadOnlyProperty`インタフェースが提供されており、プロパティのgetterとsetterをオーバーライドできるので、再利用しやすいプロパティの委譲クラスを作成できます。

設定情報を管理するクラスを例に、Delegated Propertiesを説明します。はじめに設定情報を管理するための`Settings`クラスとテーマを管理するための、`theme`プロパティを作成します。

```
// 設定情報を管理するクラス
class Settings {
    // テーマのプロパティ
    var theme: String = ""
}
```

次に実装内容として、今回は設定情報をローカルファイルに保存できるように実装します。プロパティのgetterとsetterはカスタマイズできるので、ファイルに設定情報を保存とファイルから設定情報を取得する実装を加えます。

```
import java.io.File

class Settings {
    var theme: String
        set(value) { // setterでtheme.txtに内容を保存する
            File("theme.txt").writeText(value)
        }

        get() { // getterでtheme.txtから内容を取得する
            val file = File("theme.txt")
            return if (file.exists()) file.readText() else ""
        }
}

fun main() {
    val settings = Settings()
    println(settings.theme) // 初回は表示されない。2回目以降にredが表示される
    settings.theme = "red"
    println(settings.theme) // redが表示される
}
```

設定情報を管理できるようになりましたが、このままでは設定情報が増える場合に冗長な実装となるので、設定情報の機能をプロパティに委譲します。 **ReadWriteProperty** インタフェースを用いて、委譲クラスである **FileDelegate** クラスを作成し、setterとgetterをオーバーライドします。併せて、設定情報が追加されても対応できるように引数にファイル名を定義します。

```
// ファイル情報を管理する委譲クラス
class FileDelegate(val fileName: String): ReadWriteProperty<Settings, String> {
    // getterの実装を追加する
    // <*>はスタープロジェクション。型が不明であるが安全に利用したい場合に使用する
    override fun getValue(thisRef: Settings, property: KProperty<*>): String {
        val file = File(fileName)
        return if (file.exists()) file.readText() else ""
    }

    // setterの実装を追加する
    override fun setValue(thisRef: Settings, property: KProperty<*>, value: String) {
        File(fileName).writeText(value)
    }
}
```

委譲クラスができたので、**by** を用いてプロパティにファイル情報を管理する機能を委譲します。

```
class Settings {
    // FileDelegateをプロパティに委譲する。theme.txtに内容を保存する
    var theme: String by FileDelegate("theme.txt")
}

fun main() {
    val settings = Settings()
    println(settings.theme) // 初回は表示されない。2回目以降にredが表示される
    settings.theme = "red"
    println(settings.theme) // redが表示される
}
```

Delegated Propertiesを利用したことで、コードの見通しが良くなりました。他の設定を追加することで再利用しやすくなったこともわかります。

```
class Settings {
    var theme: String by FileDelegate("theme.txt")
    var path: String by FileDelegate("path.txt") // path情報を管理する
}

fun main() {
    val settings = Settings()
    println(settings.path) // 初回は表示されない。2回目以降にpathが表示される
```

```
    settings.path = "path"
    println(settings.path) // pathが表示される
}
```


また、`ReadWriteProperty<Settings, String>`から型推論により`String`を省略できます。

```
class Settings {
    var theme by FileDelegate("theme.txt")
    var path by FileDelegate("path.txt")
}
```

プロパティに対して`var`宣言を利用したので、再割り当てができました。すでに別の処理で`path.txt`が生成されている場合は、再割り当て不可、つまりgetterのみを利用したい場合があります。その場合は`var`から`val`に宣言を変更することで、簡単に`getter`だけを利用できます。

```
class Settings {
    var theme by FileDelegate("theme.txt")
    val path by FileDelegate("path.txt") // varからval宣言へ
}

fun main() {
    val settings = Settings()
    // settings.path = "path" 再割り当てできない
}
```

SECTION-030

コメント

行末コメントとブロックコメント

Kotlinは、行末コメントとブロックコメントをサポートしています。

```
// Kotlin
// 行末コメント

/*
 複数行に跨ぐブロックコメント



*/
```

次のように関数や引数に対して `[]` 付きでコメントすることで関数や引数を参照できます。さらに `[main]` をクリックすると、ファイル内の関数が強調表示されます。 `[main]` に対して、Commandキーを押しながらクリックして定義にジャンプできます。引数の `[args]` についても同様です。

```
/**
 * これはドキュメントスタイルのコメントです。
 * リファレンスを参照することができます。たとえば、[main]メソッドです。
 * リファレンスの引数についても参照できます。たとえば、[args]引数です。
 */
fun main(args: Array<String>) {
}
```

本章のまとめ

ここまで、一般的なフロー制御やクラスやオブジェクトといった馴染みやすいものから、スマートキャスト、拡張関数、データクラス、スコープ関数まで学習しました。それぞれの型や文法や機能を見てみるとシンプルで利用しやすいという印象を持っていただけたのではないでしょうか。では、次章からさらに一歩踏み込んで、Kotlinの特徴的な機能を知る旅に出かけましょう。

▶ 参考文献

- Kotlin 公式リファレンス〔https://kotlinlang.org/docs/reference/〕
- Kotlin Apprentice(Second Edition): Beginning Programming with Kotlin 〔https://www.raywenderlich.com/books/kotlin-apprentice/v2.0〕

CHAPTER 03

Kotlinの特徴的な機能

本章では、Kotlinの特徴的な機能について紹介します。前章の基本文法から一歩踏み込んで、Kotlinの代表的なCoroutineに始まり、DSL、Inline Class、Multiplatformまで学習します。

Coroutine

概要

Coroutineとは、ノンブロッキングプログラミングをKotlinで提供した機能で、サーバーサイド、デスクトップ、モバイルなど、さまざまプラットフォームで利用できます。Coroutineには、Kotlinの中断機能の概念や非同期操作を安全でエラーの少ない機能が提供されています。Kotlinの標準機能として利用できるのではなく、`kotlinx.coroutines`という別パッケージとして管理されており、kotlinxの「x」はExtensionの意味を表します。なお、Gradleなどのビルドシステムを用いてCoroutineの依存関係の解決を行ってください。

- Coroutineの導入

  URL https://github.com/Kotlin/kotlinx.coroutines#gradle

それでは、Coroutineライブラリを使ってCoroutineのメカニズムに触れてみましょう。

並行処理

Coroutineの特徴的な機能として並行処理がありますが、これは同時に行う複雑な並行処理をシンプルに実装できます。並行処理といえば、マルチプロセス処理とマルチスレッド処理がありますが、マルチプロセスには、メモリ空間の割り当てやプロセスを個別に立ち上げる必要があるため、比較的重い処理になります。その課題を解決してくれるのが、マルチスレッドです。

では、マルチスレッドとCoroutineの違いはなんでしょうか。スレッドは、OSのネイティブスレッドを使用するため、不必要なオーバーヘッドがかかります。一方、CoroutineはJavaのヒープメモリの1つとして実行され、必要ない機能を削ぎ落としているため、オーバーヘッドが少ないです。この結果、数万個のCoroutineを立ち上げることができます。

コールバック地獄の解消

処理に時間がかかる関数は、メインスレッドをブロックする問題があり、アプリケーションのメインスレッドがブロックされるとフリーズします。この問題に対してコールバックを利用することで問題を回避できますが、別の問題が発生します。複数の非同期処理を順番に実行するには、コールバックがネスト状態、つまりコールバック地獄に陥りやすいです。コールバック地獄は、リアクティブプログラミング(RxJava)やCoroutineを利用することで回避できます。Coroutineのノンブロッキングは60年前のコンセプトを基に実装されており、ノンブロッキングとコールバックとリアクティブプログラミングの特徴は次の通りです。

- Coroutineのノンブロッキング
  - 実装が簡単
  - シーケンシャルにコードを記述できる

- コールバック
  - 冗長になりやすい
  - コールバック地獄
- リアクティブプログラミング(RxJava Observable)
  - 大量のコードを読み取ろうとすると認知的なオーバーヘッドになる
  - 学習コストが高い

ノンブロッキング

さらに詳しくCoroutineのノンブロッキングについて解説します。Coroutineを利用するには、suspend キーワードを使用しますが、この関数をsuspend関数と呼びます。これはスレッドをブロックするのではなく、処理を中断することを意味します。したがって、メインスレッドが停止することなく処理することができます。

ここからサンプルコードを用いてノンブロッキングについて説明します。まずは cookCakes() と buyCakes() をそれぞれsuspend関数として定義します。

```
suspend fun main() {
    prepareCakes()
}

suspend fun prepareCakes() {
    cookCakes() // cook cakesが表示される
    buyCakes() // buy cakesが表示される
}

suspend fun cookCakes() {
    println("cook cakes")
}

suspend fun buyCakes() {
    println("buy cakes")
}
```

cookCakes() をノンブロッキングにするには、launch() などのコルーチンビルダーでCoroutineを起動する必要があります。しかし、単純に launch() ラムダ内に cookeCakes() を配置してもコンパイルエラーとなります。

```
suspend fun main() {
    prepareCakes()
}

suspend fun prepareCakes() {
    launch { // コンパイルエラー
        cookCakes()
    }
```

```
    buyCakes()
}

suspend fun cookCakes() {
    println("cook cakes")
}

suspend fun buyCakes() {
    println("buy cakes")
}
```

`launch()` は、`CoroutineScope` の拡張関数であるため、`CoroutineScope` を用いてCoroutineの利用範囲を設定する必要があります。スコープを指定するためにcoroutineScopeスコープビルダーが提供されているので、次の通りスコープビルダーを利用することでコンパイルエラーが解消されます。

```
suspend fun main() {
    prepareCakes()
}

suspend fun prepareCakes() = coroutineScope {
    launch { // コルーチンスコープ内であるためコンパイルエラーにならない
        cookCakes() // cook cakesが表示される
    }

    buyCakes() // buy cakesが表示される
}

suspend fun cookCakes() {
    println("cook cakes")
}

suspend fun buyCakes() {
    println("buy cakes")
}
```

また、次のような長時間の実行タスクに対してもノンブロッキングは有効です。

```
fun main() = runBlocking { // Coroutineを起動する
    wasteTime()
}

// コストの高い処理
suspend fun wasteTime() {
    repeat(times = 10) { // 10回繰り返す
```

```
        delay(1000) // 1秒遅延する
    }
}
```

runBlocking() は現在のスレッドをブロックしてCoroutineを起動できます。runBlocking() のようなコルーチンビルダーは次の通り提供されています。

コルーチンビルダー	説明
coroutineScope	Coroutineのスコープを定義する
withContext	実行中のスレッドを切り切り替える
runBlocking	現在のスレッドをブロックしてCoroutineを起動できる

```
fun main() = runBlocking { // Coroutineを起動する
    println(Thread.currentThread().name) // Dispatchers.Main

    launch(Dispatchers.IO) {
        println(Thread.currentThread().name) // Dispatchers.IO
        wasteTime()
    }

    println(Thread.currentThread().name) // Dispatchers.Main
}

// コストの高い処理
suspend fun wasteTime() {
    repeat(times = 10) { // 10回繰り返す
        delay(1000) // 1秒遅延する
    }
}
```

上記の例では、ディスパッチャーを利用して wasteTime() をノンブロッキングにしています。ディスパッチャーとは、Coroutineの実行に使用されるスレッドを指定できます。上記の例では、Dispatchers.IO を利用していますが、他にも次の通りタイプがあります。

タイプ	説明
Default	Dispatcherの指定がない場合に使用される。CPUリソースの使用が多い場合に使用され、具体的にlaunchやasyncなどの標準ビルダーに利用する
Main	OSのメインスレッドを表す
Unconfined	特定のスレッドに限定されないので、最初に使用可能なスレッドを使用する
IO	Blockingデータへのリクエストやデータベースへのアクセスなどの I/Oタスクに利用する

キャンセルとタイムアウト

`launch()` の戻り値はJobになります。Jobとは作業単位を示し、開始から完了までのライフサイクルの状態を備えており、Coroutineの実行を制御できます。

Jobをキャンセルするためには、`CancellationException` を利用します。Coroutineにはキャンセルメソッドが提供されており、これはクラッシュとは異なります。キャンセルとクラッシュの違いは、スコープ内でクラッシュすると親スコープはキャンセルされますが、一方でスコープ内でキャンセルすると親スコープはキャンセルされません。

```
fun main() = runBlocking {
    prepareMeal()
}

// Coroutineを起動しキャンセルする
suspend fun prepareMeal() = coroutineScope {
    val cakeCooking: Job = launch {}
    cakeCooking.cancel()
}
```

また Coroutineにはタイムアウトの設定ができます。もしタイムアウトの指定を超えた場合には、`TimeoutCancellationException` 例外が発生します。

```
fun main() = runBlocking {
    prepareMeal()
}

// Coroutineを起動しタイムアウトさせる
suspend fun prepareMeal() = coroutineScope {
    withTimeout(timeMillis = 10_000) {
        delay(10_001)
    }
}
```

構造化された並行処理

次の例では2つの画像ロードに関する処理に対して、並列処理を実施します。Coroutineで並列処理をするには、`async()` を用いてCoroutineを作成します。並列処理を利用することで時間を節約できてユーザー体験を向上できます。実際に実行した場合、それぞれの画像ロードが並列で実行されていることがわかります。

```
fun main() = runBlocking {
    loadAndCombine("image1.png", "image2.png")
}

// 画像ロードする(実際には遅延しているだけ)
suspend fun loadImage(name: String): String {
```

▼

```
    println("loadImage start")
    delay(3000)
    println("loadImage end")
    return name
}

// 複数の画像をロードする
suspend fun loadAndCombine(name1: String, name2: String) {
    coroutineScope {
        val deferred1 = async { loadImage(name1) } // asyncでcoroutineを作成する
        val deferred2 = async { loadImage(name2) } // asyncでcoroutineを作成する
        combineImages(deferred1.await(), deferred2.await()) // await()はスレッドをブロックす
ることなく完了を待つ
    }
}

// 画像名を出力する
fun combineImages(name1: String, name2: String) {
    println("$name1 $name2")
}
```

実行結果は次の通りです。

```
loadImage start
loadImage start
loadImage end
loadImage end
image1.png image2.png
```

suspend関数について

ここまでsuspned関数を利用してきましたが、さらに詳しくsuspend関数を知るために、Javaコードへ変換したコードを参照して、suspend関数の内部に触れてみます。

```
fun main() = runBlocking<Unit> {
    createPost("name", "item")
}

// 投稿を作成する
suspend fun createPost(name: String, item: String): String {
    return "$name $item"
}
```

上記のコードをJavaコードへ変換したコードが次の通りです。 createPost() の引数にContinuationというインタフェースが追加されていることがわかります。これは継続インタフェースです。次に、この継続インタフェースについて説明します。

```
public final class MainKt {
    public static final void main() {
        ...
    }

    public static void main(String[] var0) {
        main();
    }

    // Continuationが引数に追加される
    public static final Object createPost(@NotNull String name, @NotNull String item,
                                          @NotNull Continuation $completion) {
        return name + ' ' + item;
    }
}
```

CPSについて知る

Coroutineは、CPS(Continuation Passing Style)という継続インターフェースを渡すスタイルで実装されています。CPSとは、1970年代のプログラミングスタイルとして生まれ、1980年代から1990年代に高度なプログラミング言語のコンパイラのための中間表現として有名になりました。現在では、ノンブロッキング用のプログラミングのスタイルとして利用されています。通常のプログラムは値を返却しますが、CPSでは継続処理を引数として受け取り、その継続処理に結果を渡します。

Kotlinの継続インタフェースは `Continuation` で次の通り、`CoroutineContext` と `resumeWith` を含んでいます。また内部的には単純なコールバックではなくステートマシンで状態が管理されています。

SAMPLE CODE Continuation.kt

```
public interface Continuation<in T> {
    public val context: CoroutineContext
    public fun resumeWith(result: Result<T>)
}
```

Coroutineのテスト

Coroutineはテスト用のkotlinx-coroutine-testライブラリが提供されているため、テストをしやすくなっています。次の画像ロードを例にテストを説明します。事前にテストライブラリとして、kotlinx-coroutine-test、JUnitの依存関係の追加を行ってください。

URL https://github.com/junit-team/junit5

URL https://kotlin.github.io/kotlinx.coroutines/kotlinx-coroutines-test/

```
/// 画像ロードするクラス
class ImageLoader {
    // ロードする処理(実際は遅延させているだけ)
    suspend fun load(name1: String, name2: String): Boolean {
        delay(3000) // 3秒遅延する
        return true // 画像ロード結果を返す
    }
}
```

上記の画像ロードの結果が **true** であるかテストコードを追加します。

```
/// 画像ロードするクラス
class ImageLoader {
    // ロードする処理(実際は遅延させているだけ)
    suspend fun load(name1: String, name2: String): Boolean {
        delay(3000) // 3秒遅延する
        return true // 画像ロード結果を返す
    }
}

class CoroutineTest {
    @Test
    fun testLoadImage() = runBlockingTest {
        val imageLoader = ImageLoader()
        val loaded = imageLoader.load("img1.png", "img2.png")
        assertEquals(loaded, true) // 画像ロードの結果を検証する
    }
}
```

テストを実行した場合、画像ロードの完了結果が **true** であることがわかります。**runBlokingTest()** は、**runBlocking()** と似ているように見えますが、即時実行されるという違いがあります。テストの場合は無駄な時間をかけたくないため便利です。

では、**launch()** を利用してCoroutineを起動します。

```
class CoroutineTest {
    @Test
    fun testLoadImage() = runBlockingTest {
        val imageLoader = ImageLoader()

        val job = launch {
            imageLoader.load("img1.png", "img2.png")
        }

        assertEquals(job.isCompleted, true) // 画像ロードの結果を検証する
    }
}
```

上記のテストを実行した場合、次の通り失敗します。

```
expected:<false> but was:<true>
Expected :false
Actual   :true
```

テストの失敗理由は、画像ロードの処理完了していないため、`isCompleted` が `false` となるためです。これは `advanceTimeBy()` を使用することで、`CoroutineContext` のクロック時間を設定できます。画像ロード処理の完了時間を多く見積もって、たとえば3秒くらいで設定します。

その後、テストを実行した場合、テストが通ることがわかります。

```
class CoroutineTest {
    @Test
    fun testLoadImage() = runBlockingTest {
        val imageLoader = ImageLoader()

        val job = launch {
            imageLoader.load("img1.png", "img2.png")
        }

        advanceTimeBy(3000) // 3秒進める
        assertEquals(job.isCompleted, true) // 画像ロードの結果を検証する
    }
}
```

Ⅲ ChannelとFlowによるデータの受け渡し

マルチスレッドではミュータブルなデータを共有すると、状態が意図せず変更されてしまうため、好ましくない動作ですが、Coroutineにはデータを安全に送受信する仕組みがあります。その仕組みとは、ChannelとFlowです。リアクティブプログラミングでは、データをストリーム単位で表し、ホットストリームとコールドストリームに分類されます。ホットストリームはChannel以外にもありますが、本書ではChannelに特化して説明します。

下記の例では、1から10まで値を送信することでデータを共有しています。

```
fun main() = runBlocking<Unit> {
    val channel = Channel<Int>() // channelの生成

    launch {
        repeat(10) { i -> // 10回繰り返す
            delay(100) // 遅延させる
            channel.send(i) // データを送信する
        }
    }
```

```
    launch {
        for (i in channel) {
            println(i) // 0から9まで表示される
        }
    }
}
```

Coroutine 1.2.0からRxにインスパイアされたコールドストリームのFlowが導入されました。ホットストリームの仕組みにChannelが存在していたので、ますますRxに近づいてきました。

Flowを生成するためのFlowの `Builders` クラスが提供されており、次の例では、`flowOf()` で `Int` リストのFlowを生成して、`collect()` で発行します。実行結果は、シーケンシャルに処理が流れていることがわかります。

```
fun main() = runBlocking {
    val flow = flowOf(1,2,3,4,5)
    flow.collect { // 発行する
        println(it) // 1から5まで表示される
    }
}
```

`flowOf()` について理解を深めるため、内部実装を確認します。下記の通り、`flowOf()` では要素のループからそれぞれ `emit()` していることがわかります。`flowOf()` では `emit()` を実施することでデータの送信を行い、`collect()` で実行したデータを取得します。

Flowの仕組みは、emittorとcollectorの相互関係で成り立っています。

SAMPLE CODE Builders.kt

```
public fun <T> flowOf(vararg elements: T): Flow<T> = flow {
    for (element in elements) {
        emit(element)
    }
}
```

固定値からFlowを生成する方法として `flowOf()` がありますが、基本型やコレクションなどから任意のFlowを生成する方法に `flow()` があります。

`flow()` の引数には、FlowCollectorのレシーバーが定義されており、ラムダ内から直接データを送信できます。

SAMPLE CODE Builders.kt

```
public fun <T> flow(@BuilderInference block: suspend FlowCollector<T>.() -> Unit):
    Flow<T> = SafeFlow(block)
```

```
fun main() = runBlocking {
    val flow = flow {
        listOf(1,2,3,4,5).forEach {
            emit(it) // 発行する
        }
    }

    flow.collect { // 集計する
        println(it) // 1から5まで表示される
    }
}
```

Flowにはさまざまなオペレータが提供されており、たとえば `flatMapConcat()` 、`map()` 、`combine()` 、`debounce()` などがあり、データ変換について容易です。

まとめ

Kotlin 1.3ではさまざまな機能がリリースされましたが、特に大きな機能がCoroutineです。複雑な非同期処理をノンブロッキングで排他制御も必要なくシンプルに実装できるようになります。さまざまなライブラリでもCoroutineが適用されており、たとえば、CHAPTER 04で紹介するKtorもCoroutineベースとなっています。今回は基本的なCoroutineについて学習したので、Coroutineを使って楽しいノンブロッキングプログラミングを書いていただけると幸いです。

Contract

概要

Contractとは、Kotlinコンパイラに一部条件を加えることで静的解析を拡張できる実験的な機能です。主にこの機能を利用する機会が多いのはスマートキャストとの連携です。スマートキャストとは自動的に適切な型にキャストしてくれる機能です。たとえば、Nullチェックを実施した後にチェックした変数が当該スコープ内でNullではないとコンパイラに認識させて自動的にキャストしてくれます。これはランタイム時に型チェックするのではなく、静的に解析できるため、無駄なボイラプレートを減らせる効果があります。なお、Contractは、Kotlin 1.4の時点では実験的な機能なので、利用する際は注意してください。

Contract API

Contractを利用するには、関数ブロックの先頭に `contract` ブロックと契約条件を定義する必要があります。関数に対して任意の契約を定義してコンパイラに解釈させることができます。

```
// Contractのフォーマット

関数 {
    contract {
        implies、callsInPlace などを用いて契約条件を定義する
    }

    関数の処理
}
```

Contractのフォーマットを紹介したので、次に契約条件を `callsInPlace` を用いて説明します。まずは再代入不可能な `number` 変数を `myRun()` ブロック内で代入するとコンパイルエラーが発生するプログラムを作成します。このコンパイルエラーの原因は、`myRun()` ブロック内で一度だけ `number` に代入されるか、コンパイラは認識できないためコンパイルエラーが発生します。 `myRun()` が一度だけ呼ばれるとコンパイラに認識させることでコンパイルエラーを解消できます。

```
inline fun <R> myRun(block: () -> R): R {
    return block()
}

fun main() {
    val number: Int

    myRun {
        number = 1 // コンパイルエラー。再割り当てができない
    }
}
```


ここからContractを利用してコンパイルエラーを解消するため、myRun() の先頭に contract ブロックを追加します。 callsInPlace() で、このブロックが一度だけ呼ばれる契約条件を定義します。すると、コンパイラは myRun() ブロックが一度しか呼ばれないと解釈されるため、number の初期化に成功します。なお、Contractは試験的な機能であるため、@ExperimentalContracts を指定する必要があります。

```
@@ExperimentalContracts // 試験的な機能であるため、利用する際は@ExperimentalContractsが必要
inline fun <R> myRun(block: () -> R): R {
    contract { // 関数の先頭にcontractを追加する
        callsInPlace(block, InvocationKind.EXACTLY_ONCE) // 一度だけblockが呼ばれると定義する
    }
    return block()
}

@ExperimentalContracts
fun main() {
    val number: Int

    myRun {
        number = 1 // myRun()が一度しか呼ばれないため割り当てできる
    }
}
```

callsInPlace() の第1引数に対象処理、第2引数に対象処理が呼び出される条件を指定でき、呼び出しは次の4種類あります。

条件	概要
AT_MOST_ONCE	0回もしくは1回の呼び出し
AT_LEAST_ONCE	1回以上の呼び出し
EXACTLY_ONCE	1回だけの呼び出し
UNKNOWN	何回呼ばれるかわからない

強力なスマートキャストとの連携

スマートキャストはKotlinの便利な機能の1つで、Contractと組みわせるとさらに強力な機能になります。

では、次の拡張関数を例に説明します。はじめに String クラスにNullチェックをする拡張関数 String.isNotNull() を作成します。次に String.isNotNull() でNullチェック後に message.length を呼び出してみると、message がNull許容型であるとコンパイラに認識されて length を呼び出せず、コンパイルエラーが発生します。

```
fun String?.isNotNull() = this != null

fun main() {
    val message: String? = ""

    if (message.isNotNull()) {
        // コンパイルエラー。スマートキャストができない。message?.lengthであれば実行できる
        println(message.length)
    }
}
```

Contractを利用してスマートキャストを有効化することでコンパイルエラーを解消します。

下記はContractを用いて、Nullチェックを行わず、スマートキャストを実行できるようになった実装です。はじめに、isNotNull() 内に contract ブロックを追加し、契約条件を定義します。次に implies で契約条件のレシーバーが Null でなければ、true 返すという契約を定義します。つまり、レシーバーが Null でなければ、その旨をコンパイラに解釈させるため、スマートキャストが有効化できます。

```
@ExperimentalContracts
fun String?.isNotNull(): Boolean {
    contract {
        returns(true) implies (this@isNotNull != null)
    }

    return this != null
}

@ExperimentalContracts
fun main() {
    val message: String? = ""

    if (message.isNotNull()) {
        message.length // コンパイルエラーにならず、スマートキャストができる
    }
}
```

もう1つ、Contractとスマートキャストの利用例を紹介します。 `Any` クラスに `Color` 型をチェックする拡張関数 `Any.isColor()` を作成します。 `Any.isColor()` の戻り値が `true` であればスマートキャストが有効化されて、`name` プロパティ内容を出力できそうに見えますが、実際には `red` は `String` として認識されるためコンパイルエラーが発生します。

```
data class Color(val name: String)

fun Any.isColor(): Boolean {
    return this is Color
}

fun main() {
    val red = ""

    if (red.isColor()) {
        println(red.name) // redがStringとして認識されるため
    }
}
```

このスマートキャストを有効化するために、`Any.isColor()` に `contract` ブロックを追加します。契約条件は、レシーバーが `Color` 型であれば、`true` を返すという契約を定義します。この定義によって、スマートキャストが有効化されてコンパイルエラーが解消されます。

```
data class Color(val name: String)

@ExperimentalContracts
fun Any.isColor(): Boolean {
    contract {
        returns(true) implies (this@isColor is Color)
    }

    return this is Color
}

@ExperimentalContracts
fun main() {
    val red = ""

    if (red.isColor()) {
        println(red.name) // コンパイルエラーにならず、スマートキャストができる
    }
}
```

ジェネリクスやコルーチンなどでの利用例

reifiedを使ったジェネリクスについてもContractが利用できるので説明します。reifiedとは型パラメータの型情報を残す機能で、次の例では、ジェネリクスで指定された型であればスマートキャストが有効になる契約条件を定義します。isInstance<String>()の戻り値がtrueであれば、当該スコープ内では、Stringとしてコンパイラが解釈するためコンパイルエラーは発生しません。

```
@ExperimentalContracts
inline fun <reified T> isInstance(value: Any?): Boolean { // インスタンスをチェックする関数
    contract {
        returns() implies (value is T) // ジェネリクスを用いて、指定された型である旨、契約する
    }

    return value is T
}

@ExperimentalContracts
fun main() {
    val number = 1

    if (isInstance<String>(number)) {
        // コンパイルエラーにはならないが、numberはStringではないので、ここまで処理が到達しない
        println(number.length)
    }
}
```

次にコルーチンのwithContext()に関しても、Contractが利用されているので紹介します。withContext()の内部では、callsInPlace(block, InvocationKind.EXACTLY_ONCE)の契約条件が定義されているため、一度しか呼び出されないとコンパイラに解釈させています。その結果、withContext()ブロック内で再割り当て不可なa、bに代入してもコンパイルエラーが発生しません。

```
// 必要に応じてcoroutineの依存関係の追加を行う

suspend fun main() {
    val a: Int
    val b: Int

    withContext(Dispatchers.IO) {
        a = 10
        b = 20
    }

    println(a) // 10が表示される
    println(b) // 20が表示される
}
```

Contractを利用できないケース

Contractが非常にユニークで便利な機能ですが、いくつか制限やまだ利用できない実装を紹介します。Contractはすべての関数で利用できるわけではなく、あくまでトップレベル関数に限ります。したがって、プロパティのgetterやsetterでは利用できません。また、次のようなクラスのプロパティも契約条件に利用できません。

```
data class Request(val postData: String)

@ExperimentalContracts
private fun validate(request: Request?) {
    contract {
        // request.postDataがコンパイルエラー。
        returns() implies (request != null && request.postData)
    }

    if (request == null) {
        throw IllegalArgumentException("No request data ")
    }

    if (request.postData.isEmpty()) {
        throw IllegalArgumentException("No post data")
    }
}
```

契約条件に引数である `request` は利用できますが、`request.postData` プロパティを使用できず、コンパイルエラーとなります。この解決方法は、引数を追加するかもしくは、次の通り `postData` で引数を定義する必要があります。

```
@ExperimentalContracts
private fun validate(postData: String?) {
    contract {
        // postDataで比較するので、コンパイルエラーにはならない
        returns() implies (postData != null)
    }

    if (postData == null) {
        throw IllegalArgumentException("No request data ")
    }

    if (postData.isEmpty()) {
        throw IllegalArgumentException("No post data")
    }
}
```

先ほど、**reified** を使ったジェネリクスの利用例を紹介しましたが、次のようなジェネリクスにはまだ対応していません。下記のIssueが作成されているため、動向が気になる方はチェックできます。

URL https://youtrack.jetbrains.com/issue/KT-38856

```
@ExperimentalContracts
sealed class Result<T> {
    class Success<T>(val value: T) : Result<T>()
    class Failure<T>(val exception: Throwable?) : Result<T>() {
        constructor(exception: String) : this(Exception(exception))
    }

    fun isSuccess(): Boolean {
        contract {
            // isSuccessがtrueであれば、Successとして解釈する
            returns(true) implies (this@Result is Success)
            // isSuccessがfalseであれば、Failureとして解釈する
            returns(false) implies (this@Result is Failure)
        }

        return this is Success
    }
}

@ExperimentalContracts
fun main() {
    val result: Result<String> = Result.Success("test")

    if (result.isSuccess()) {
        result.value // コンパイルエラーにはならないが、Stringとして認識されない
    }
}
```

まとめ

Contractはスコープ関数や **require()** 、**check()** 、**requireNotNull()** 、**checkNotNull()** などの標準ライブラリで利用されているため、すでにContractの恩恵を受けています。Contractとスマートキャストの連携は非常に強力でこの組み合わせを利用することで、より簡潔なコードを記述できます。しかし、まだ実験的な機能であり、自らContractを導入する際にはコンパイラに対して本来の意図と異なった解釈をさせてしまう可能性もあるため、実装側の配慮が必要です。

DSL

概要

DSLとはドメイン固有言語で特定の領域に特化したプログラミング言語を表します。DSLは、階層関係における複雑さを軽減し、読みやすさを向上させる効果があります。たとえば、XML、SQL、CSSなどもDSLです。KotlinはDSLの作成を支援する機能がたくさん提供されているのでDSLを使ってベビーステップでDSLを体験してみましょう。

内部DSLと外部DSL

DSLには、外部DSLと内部DSLの2種類が存在します。外部DSLとは、扱っている特定の問題やドメインを考えて解決策をコード化するのを助けることができる言語を定義します。具体的にはSQL、CSSなどが当てはまり、SQLはデータベースクエリを解決し、他方でCSSの場合はスタイリングを解決します。一方で内部DSLとは、強力な機能をもったプログラミング言語と考えることができます。定型的な問題を減らし、共通の問題に対する宣言的な解決策を生み出すことができる独自の解決実装を表します。なお、KotlinのDSLは内部DSLを示します。

DSLを作るための便利な機能

KotlinでDSLを構築する上でいくつか便利な機能が提供されているので、これらを利用してDSLを説明します。主に、Webの最も基本的な構成要素であるHTMLを題材としてDSLを構築します。

- 引数の最後が関数型
- レシーバー
- 演算子のオーバーロード
- DslMarker

▶引数の最後が関数型

DSLを構築する際にラムダで記述できると表現力が高くなり、引数の最後が関数型である場合にラムダ式で記述できます。はじめにhtmlとbodyをラムダで表現します。`Html`クラスでは、`body()`の引数に`css`、`body`を定義し、最後の引数である`body`は`(Body) -> Unit`関数型です。`Body`クラスはシンプルなクラスとして定義し、最後の`html()`は引数である`html`を`(Html) -> Unit`関数型で定義します。実行結果がわかるように、`html()`、`body()`ではそれぞれhtml、bodyを表示します。

```
// Htmlクラス
class Html {
    // ラムダにできるように引数の最後を関数型にする
    fun body(css: String, body: (Body) -> Unit) {
        println("body")
```

```
    }
}

// Bodyクラス
class Body

// htmlを構築するための関数
fun html(html: (Html) -> Unit) {
    val h = Html()
    html(h)
    println("html")
}
```

では実際に **main()** で **html** と **body** をDSLで表現してみます。実行結果は、**html** 、**body** が出力されます。

```
fun main() {

    html { // html()の最後の引数が関数型なのでラムダを利用できる
        it.body(css = "main.css")  { // body()の最後の引数が関数型なのでラムダを利用できる
        }
    }
}
```

ここで最後の引数が関数型ではない場合についても触れておきます。 **Html** クラスの **body()** の引数の順序を入れ替えてみると、ラムダを利用できないことがわかります。

```
class Html {
    // bodyとcssの位置を変更する
    fun body(body: (Body) -> Unit, css: String) {
        println("body")
    }
}

class Body

fun html(html: (Html) -> Unit) {
    println("html")
    val h = Html()
    html(h)
}

fun main() {

    html {
        it.body({}, css = "main.css") // 最後の引数が関数型ではないため、ラムダを構築できない
    }
}
```

関数の最後の引数が関数型であるとラムダを利用でき、DSLとして見通しが良くなりました。しかし、`it.body()` の `it` が少し煩わしく感じます。この問題を解決してくれるのがレシーバーです。

▶レシーバー

レシーバーはラムダ内にレシーバー型を割り当てることができます。次の拡張関数を例に説明すると、レシーバー型は `Int` になります。

```
// p()はIntの拡張関数
fun Int.p() { // Intがレシーバー型
    println(this) // thisはレシーバーオブジェクト
}
```

さらにレシーバー型をラムダ内に割り当てるとは、ラムダ内において明示的に `Int` レシーバーオブジェクトを介することなく、`Int` 関数を直接呼び出すことを意味します。次の例では、`Int` クラスのインクリメントする関数である `inc()` を直接呼び出せていることがわかります。また、レシーバーオブジェクトを介することでレシーバーオブジェクトの変更も可能です。ちなみにラムダ内ではレシーバーオブジェクトを `this` として呼び出すこともできます。

```
fun Int.p() {
    println(inc()) // 直接inc()を呼び出せる。this.inc()でも呼び出せる
}
```

ここまでレシーバーについて説明しましたが、レシーバーはDSLと非常に相性が良いです。「引数の最後が関数型」のパートで、ラムダ引数を `it.body {}` で表現していたため、`it` の呼び出しが散らばり冗長になっていました。この冗長な `it` をレシーバーで解決します。レシーバーの定義方法は、`(Body) -> Unit` の場合、`Body.() -> Unit` と記述します。`Html` の `body(css: String, body: (Body) -> Unit)` をラムダ引数から `body(css: String, body: Body.() -> Unit)` Bodyレシーバーに変更します。

```
class Html {
    // Bodyレシーバーに変更する
    fun body(css: String, body: Body.() -> Unit) {
        println("body")
    }
}

class Body

// Htmlレシーバーに変更する
fun html(html: Html.() -> Unit) {
    val h = Html()
    // 拡張関数のように振る舞うことができる
    // またシンタックスシュガーとして、html(h)と記述もできる
```

```
    h.html()
    println("html")
}

fun main() {

    html {
        body(css = "main.css") { // it.body()ではなく、body {}として記述できる

        }
    }
}
```

ラムダ引数の **it** を用いた **it.body()** から直接 **body()** を呼び出せるようになり、見通しがよくなりました。

▶ 演算子のオーバーロード

一般的な演算子として **+** 、**-** 、**/** 、**%** などありますが、これらのような演算子をオーバーロードできる機能があります。演算子は関数に対応しており、たとえば、**+** 演算子は **plus()** 、**-** 演算子は **minus()** に対応しており、**operator** を用いて別の関数を作成して呼び出すことができます。これまで **html** と **body** 構造を表現するDSLを紹介してきたので、演算子のオーバーロードを利用して、body要素にテキストを追加する実装を加えます。レシーバーで紹介したサンプルに加えて、**Html** クラスに **operator fun String.unaryPlus()** を定義してテキストを追加できるようにオーバーロードします。

```
class Html {
    var text = ""

    fun body(css: String, body: Body.() -> Unit,) {
        println("body")
        val b = Body()
        // 拡張関数のように振る舞うことができる。シンタックスシュガーとしてbody(b)と記述もできる
        b.body()
    }

    operator fun String.unaryPlus(): Unit {
        text += this
        println(text)
    }
}

class Body

fun html(html: Html.() -> Unit) {
    println("html")
```

```
    val h = Html()
    // 拡張関数のように振る舞うことができる
    // またシンタックスシュガーとして、html(h)と記述もできる
    h.html()
}
```

`main()` での呼び出し方は次の通りで、`operator fun String.unaryPlus()` を定義したことによって単項演算がオーバーロードされて、`+` 文字列でテキストを追加できます。`main()` の実行結果は、`html`、`body`、`kotlin` が表示されます。

```
fun main() {
    html {
        body(css = "main.css") {
            +"kotlin" // 単項演算をオーバーロードしたため、+文字列でテキストを追加できる
        }
    }
}
```

今回のようにシンプルなものであれば、演算子のオーバーロードを使うことで見通しの良いDSLを表現できます。また、演算子に対して `operator` を用いて同一関数を複数定義しました。

▶DslMarker

DslMarkerとはDSLを定義する際にDSLのレシーバースコープを制限するための機能です。`@DslMarker` アノテーションが提供されており、クラスに対してアノテーションを付加することでレシーバースコープを制限できます。これまでhtmlとbody構造を表現するDSLを紹介してきましたが、一般的にはhtmlの文書構造上、bodyは1つしか配置できません。したがって、次のようなhtmlとbody構造の場合、body要素がネストされる構造を避ける必要があります。

```
class Html() {
    fun body(body: Body.() -> Unit) {
        println("body")
        val b = Body()
        b.body()
    }
}

class Body()

fun html(html: Html.() -> Unit) {
    println("html")
    val h = Html()
    h.html()
}
```

```
fun main() {
    html {
        body {
            body { // bodyを入れ子にできてしまうため、コンパイルエラーにしたい
            }
        }
    }
}
```

上記の例は **body** ラムダをネストできる構造になっています。ネストした **body** ラムダは、**this@html.body** ラムダと同一で外部レシーバーを参照しています。ラムダ内では特に制御がないため、Htmlレシーバーから **body()** をスコープの異なるラムダであっても呼び出すことができます。この問題に対して、DslMarkerを利用することでレシーバースコープを制御できます。

```
fun main() {
    html {
        body {
            body { // 暗黙的にthis@html.body()を呼んでいる
            }

            this@html.body { // body {}とthis@html.body {}は同じ意味を表す
            }
        }
    }
}
```

解決方法は、レシーバーを呼び出すクラスに対して **@DslMarker** アノテーションを付加します。このアノテーションによって、レシーバースコープが制限されて内部のラムダから外部ラムダへのアクセスが禁止され、コンパイルエラーとなります。

```
@DslMarker
annotation class HtmlTag

@HtmlTag
class Html() {
    fun body(body: Body.() -> Unit) {
        println("body")
        val b = Body()
        b.body()
    }
}

@HtmlTag
```

```
class Body()

fun html(html: Html.() -> Unit) {
    println("html")
    val h = Html()
    h.html()
}

fun main() {
    html {
        body {
            body { // コンパイルエラー。外部レシーバーを呼び出せない

            }
        }
    }
}
```


便利機能を使ったDSLの作成

ここまでDSLを構築するための便利な機能を紹介しましたので、それぞれを組み合わせて構造化された `Html` クラスを返却するDSLを作成します。はじめに、`Html` 、`Body` 、`Div` クラスを定義します。

```
// Htmlデータクラス
data class Html(
    // bodyプロパティ
    val body: Body,
)

// Bodyデータクラス
data class Body(
    // div一覧のプロパティ
    val divs: List<Div>
)

// Divデータクラス
data class Div(
    // textプロパティ
    val text: String
)
```

次に、`Html` 、`Body` 、`Div` を構築するためにビルダークラスをそれぞれ定義します。加えてレシーバースコープを制御するため、`@DslMarker` を定義します。

```
// レシーバースコープを制御するためのアノテーション
@DslMarker
annotation class HtmlTag

// htmlを構築するためのビルダークラス
@HtmlTag
class HtmlBuilder {
    // bodyプロパティ
    var body: Body = Body(divs = emptyList())

    // bodyラムダを構築するためのBodyBuilderレシーバー
    fun body(builder: BodyBuilder.() -> Unit) {
        // apply()の引数にはレシーバーをセットできる
        body = BodyBuilder().apply(builder).build()
    }

    // Htmlクラスを構築する
    fun build(): Html = Html(body)
}

// bodyを構築するためのビルダークラス
@HtmlTag
class BodyBuilder() {
    // div一覧のプロパティ
    private val divs: MutableList<Div> = mutableListOf()

    // divラムダを構築するためのDivBuilderレシーバー
    fun div(builder: DivBuilder.() -> Unit) {
        // apply()の引数にはレシーバーをセットできる
        divs.add(DivBuilder().apply(builder).build())
    }

    // Bodyクラスを構築する
    fun build(): Body = Body(divs)
}

// divを構築するためのビルダークラス
@HtmlTag
class DivBuilder() {
    // textプロパティ
    var text: String = ""

    fun build(): Div = Div(text)

    // 演算子のオーバーロードによってテキストを追加する
    operator fun String.unaryPlus(): Unit {
        text += this
```

```
    }
}
```

最後にトップレベルで`html`を呼び出せる関数を定義し、`main()`を実行すると次のような戻り値が返却されます。さまざまなDSL構築の機能を使ったことにより、見通しの良いDSLを作成できました。

```
// htmlビルダー経由でhtmlを構築する
fun html(builder: HtmlBuilder.() -> Unit): Html = HtmlBuilder().apply(builder).build()

fun main() {
    val html = html {
        body {
            div {
                +"kotlin"
            }

            div {
                +"dsl"
            }
        }
    }

    println(html.body.divs[0].text) // kotlinが表示される
    println(html.body.divs[1].text) // dslが表示される
}
```

まとめ

Kotlinの大きな特徴の1つにDSLがあります。美しいコードで変更可能なDSLは非常に魅力的であり、また、KotlinにはDSLを構築しやすくするための機能が豊富に提供されています。本書では触れていませんが、`infix`を用いることで中置関数を利用できるので便利な反面、多用しすぎるとやりすぎたDSLとなって逆に可読性が落ちたり、DSLを構築しにくくなるので注意が必要です。CHAPTER 04のKtorについてもDSLで実装されている部分が数多くあるのでおすすめです。ぜひ、DSLにもチャレンジしてみてください。

Inline Class

概要

Inline Classはパフォーマンスコストの低いラッパークラスを生成するのに役立ちます。ラッパークラスとは、中身は同じであるが外見を変えたい場合に有効で、もとのデータを扱いやすくするためにラップしたクラスを示します。ラッパークラスを生成すると追加のヒープ割り当てが発生してオーバーヘッドとなりますが、インライン展開するとオーバーヘッドを減らす効果があります。なお、Inline ClassはKotlin 1.5から安定版として利用できる予定ですが、本書ではKotlin 1.4をターゲットにしています。そのため、執筆時点では、Kotlin 1.4とKotlin 1.5のinline class構文は次の違いがあるので注意してください。

```
// Kotlin 1.5.0-M1時点のinline class構文。Kotlin 1.5で安定版になる予定。
@JvmInline
value class ColorKotlin1_5(val rgb: Int) // @JvmInlineとvalue classで宣言する

// Kotlin 1.4までのinline class構文。このバージョンではまだ試験的な機能。
inline class ColorKotlin1_4(val rgb: Int) // inline classで宣言する
```

利用方法

利用例として、下記の価格を表した `data class` からInline Classに変換することで、Inline Classの効果を説明します。まず、`price` をラッパーした `Coffee` クラスを作成し、演算子オーバーロードを用いて加減算を定義します。 `main()` の実行結果では、`Coffee` の価格を加減算した結果が表示されます。

```
// 価格をラップしたクラス
data class Coffee(val price: Int) {
    // 演算子オーバーロード使って価格を加算する
    operator fun plus(coffee: Coffee) = price + coffee.price
    // 演算子オーバーロード使って価格を減算する
    operator fun minus(coffee: Coffee) = price - coffee.price
}

fun main() {
    val res1 = Coffee(100) + Coffee(200)
    println(res1) // 300が表示される

    val res2 = Coffee(200) - Coffee(100)
    println(res2) // 100が表示される
}
```

では、ラッパークラスをInline Classに変換するには、`inline class`宣言を用いるだけです。利用方法は非常に簡単ですが、インライン展開するため、その分、バイトコードが肥大化します。

01
02
03
04
Kotlinの特徴的な機能

```
inline class Coffee(val price: Int) {
    operator fun plus(coffee: Coffee) = price + coffee.price
    operator fun minus(coffee: Coffee) = price - coffee.price
}

fun main() {
    val price1 = Coffee(100) + Coffee(200)
    println(price1) // 300が表示される

    val price2 = Coffee(200) - Coffee(100)
    println(price2) // 100が表示される
}
```

利用制限

Inline Classの利用方法はとても簡単ですが、下記のような利用制限があります。

- 単一のプロパティのみ利用可能
- val宣言のプロパティであること
- コンストラクタの引数にvararg宣言を利用できない
- トップレベルかネストされたクラスであること
- final classであること
- プロパティにバッキングフィールドを利用できない
- クラスの継承はできない
- Inline Class同士の参照比較は禁止されている

なお、詳しく利用制限について知りたい方は下記の公式ドキュメントを参照してください。

URL https://kotlinlang.org/docs/reference/inline-classes.html

▶ 単一のプロパティのみ利用可能

単一のプロパティのみ利用可能なため、プロパティを複数持つことはできません。

```
inline class Coffee(val price: Int) { // プロパティが単一なので問題なし
    operator fun plus(item: Coffee) = price + item.price
    operator fun minus(item: Coffee) = price - item.price
}
```

```
// 複数のプロパティを利用できないためコンパイルエラーが発生する
inline class Coffee(val price: Int, val name: String) {
    operator fun plus(item: Coffee) = price + item.price
    operator fun minus(item: Coffee) = price - item.price
}
```

▶val宣言のプロパティであること

プロパティは var 宣言を利用できないため、プロパティに再割り当てできません。

```
inline class Coffee(val price: Int) { // val宣言なので問題なし
    operator fun plus(item: Coffee) = price + item.price
    operator fun minus(item: Coffee) = price - item.price
}
```

```
inline class Coffee(var price: Int) { // val宣言のみ利用可能なためコンパイルエラーが発生する
    operator fun plus(item: Coffee) = price + item.price
    operator fun minus(item: Coffee) = price - item.price
}
```

▶コンストラクタの引数にvararg宣言を利用できない

コンストラクタの引数のvarargは禁止されています。

```
class Coffee(vararg price: Int) // varargを使っていないので問題なし

fun main() {
    val coffee = Coffee(100, 200)
}
```

```
inline class Coffee(vararg price: Int) // varargは禁止されているためコンパイルエラーが発生する

fun main() {
    val coffee = Coffee(100, 200)
}
```

▶トップレベルかネストされたクラスであること

インナークラスおよびローカルクラスでは利用できず、トップレベルもしくはネストされたクラスである必要があります。

```
inline class Coffee(val price: Int) { // トップレベルなので問題なし
    operator fun plus(item: Coffee) = price + item.price
    operator fun minus(item: Coffee) = price - item.price
}

class Shop {
    // ネストされたクラスなので問題なし
    inline class Coffee(val price: Int) {
        operator fun plus(item: Coffee) = price + item.price
        operator fun minus(item: Coffee) = price - item.price
    }
}
```

```
class Shop {
    // インナークラスで利用できないためコンパイルエラーが発生する
    inner inline class Coffee(val price: Int) {
        operator fun plus(item: Coffee) = price + item.price
        operator fun minus(item: Coffee) = price - item.price
    }
}

fun main() {
    // ローカルクラスで利用できないためコンパイルエラーが発生する
    inline class Coffee(val price: Int) {
        operator fun plus(item: Coffee) = price + item.price
        operator fun minus(item: Coffee) = price - item.price
    }
}
```


▶final classであること

独自のクラスからInline Classを拡張することを禁止されているため、`final` クラスである必要があります。なお、クラスは暗黙的に `final` クラス扱いになります。

```
inline class Coffee(val price: Int) { // 暗黙的にfinalクラス扱いとなるため問題なし
    operator fun plus(item: Coffee) = price + item.price
    operator fun minus(item: Coffee) = price - item.price
}
```

```
// finalクラスではないためコンパイルエラーが発生する
open inline class Coffee(val price: Int) {
    operator fun plus(item: Coffee) = price + item.price
    operator fun minus(item: Coffee) = price - item.price
}
```

▶プロパティにバッキングフィールドを利用できない

プロパティにバッキングフィールドを利用できません。

```
inline class Coffee(val name: String) {
    val length: Int // プロパティにバッキングフィールドを利用していないため問題なし
        get() = name.length
}
```

```
inline class Coffee(val name: String) {
    // プロパティにバッキングフィールドを利用できないためコンパイルエラーが発生する
    var length: Int = 0
        get() = name.length
        set(value) {
            field = value // バッキングフィールを利用する
        }
}
```

▶ クラスの継承はできない

クラスの継承はできませんが、インタフェースを実装できます。

```
interface Shop
inline class CoffeeShop(val name: Int): Shop // インタフェースの実装はできるので問題なし
```

```
abstract class Shop
// インタフェースではないのでコンパイルエラーが発生する
inline class CoffeeShop(val name: Int): Shop
```

```
open class Shop
// インターフェースではないのでコンパイルエラーが発生する
inline class CoffeeShop(val name: Int): Shop
```

▶ Inline Class同士の参照比較は禁止されている

Inline Class同士の内容比較はできますが、参照比較は禁止されています。

```
inline class Coffee(val price: Int)

fun main() {
    val coffee1 = Coffee(200)
    val coffee2 = Coffee(200)

    println(coffee1 == coffee2) // trueが表示される
}
```

```
inline class Coffee(val price: Int)

fun main() {
    val coffee1 = Coffee(100)
    val coffee2 = Coffee(200)
    // Inline Class同士の参照比較は禁止されているのでコンパイルエラーが発生する
    println(coffee1 === coffee2)
}
```

なぜパフォーマンスコストが低いのか

Inline Classにすると、なぜパフォーマンスコストが改善されるのでしょうか。それはInline Classがコンパイルされると、Inline Classで指定したプロパティが基本型である場合、値に置き換えられるためパフォーマンスが向上するからです。下記のラッパークラスとInline Classを例に説明します。

```
// 価格をラップしたクラス
data class CoffeeWrapper(val price: Int) {
    // 演算子オーバーロードで価格を加算する
    operator fun plus(item: CoffeeWrapper) = price + item.price
    // 演算子オーバーロードで価格を減算する
    operator fun minus(item: CoffeeWrapper) = price - item.price
}

// 価格をInline Classで定義したクラス
inline class CoffeeInline(val price: Int) {
    operator fun plus(item: CoffeeInline) = price + item.price
    operator fun minus(item: CoffeeInline) = price - item.price
}

fun main() {
    val coffeeWrapper = CoffeeWrapper(100)
    val coffeeInline = CoffeeInline(100)
}
```

さらに上記のコードをJavaコードに変換することで、どのような違いがあるか確認します。`CoffeeWrapper` クラスは、`CoffeeWrapper` インスタンスを生成しているのに対して、`CoffeeInline` クラスのインスタンスは `int` です。`inline class` を用いることで、`CoffeeInline` クラスがランタイム時に `CoffeeInline` から `price` に変換され、直接 `price` フィールドにアクセスできます。インライン化されたことで、コンパイルされたコードで `int` を使用し、ヒープ上のオブジェクトを生成してアクセスするためのコストが削減されます。

```
// Javaコードへ変換したコードを一部抜粋
public final class MainKt {
    public static final void main() {
        // CoffeeWrapper インスタンスを生成する
        new CoffeeWrapper(100);
        // intに変換されて直接priceにアクセスできる
        int coffeeInline = CoffeeInline.constructor-impl(100);
    }

    ...
}
```

パフォーマンスコストが改善されないケース

Inline Classがコンパイルされて実際の値にインライン化されることでInline Classはラッパークラスよりもパフォーマンスが向上します。しかし、場合によってはコンパイル時にインライン化されず、ラッパークラスよりもInline Classの方が遅くなるケースもあります。

▶ プロパティがNull許容型

Inline ClassのプロパティがNull許容型の場合はコンパイル時、ラッパークラスに変換されるためパフォーマンスが改善されません。次の例では、プロパティがNull非許容型とNull許容型を用いて違いを説明します。

```
inline class CoffeeInline(val price: Int) // プロパティがNull非許容型

inline class CoffeeInlineNullable(val price: Int?) // プロパティがNull許容型
```

上記のコードをJavaコードへ変換すると、`CoffeeInline` クラスの `price` フィールドは `int` に変換されます。一方で、`CoffeeInlineNullable` クラスの `price` フィールドは `Integer` に変換されます。Inline ClassにNull許容型のプロパティを指定すると、基本型（ `int` ）ではなく、ラッパークラス（ `Integer` ）に変換されることがわかります。

```
// Javaコードへ変換したコードを一部抜粋
public final class CoffeeInline {
    private final int price; // priceフィールドはintになる

    public final int getPrice() {
        return this.price;
    }
    ...
}

public final class CoffeeInlineNullable {
    @Nullable
    private final Integer price; // priceフィールドはIntegerになる

    @Nullable
    public final Integer getPrice() {
        return this.price;
    }
    ...
}
```

▶ジェネリクス

ジェネリクスを利用すると、基本型から型パラメータに応じたラッパークラスへ変換されるためパフォーマンスが改善されません。Listを生成するための `listOf()` 関数は内部的にジェネリクスを使用して実装されているため、これを用いてジェネリクスの影響を説明します。

```
// Inline Classの宣言
inline class CoffeeInline(val price: Int)

fun main() {
    // listOf() は内部的にジェネリクスを利用する
    val list = listOf(CoffeeInline(100), CoffeeInline(200), CoffeeInline(300))

    list.forEach {
        println(it.price) // 100、200、300が表示される
    }
}
```

上記のコードをJavaコードへ変換すると、`While` 内では `int` を保持したコレクションを操作しているわけではなく、毎回、`Object` 型から `int` 型に変換されていることがわかります。

```
// Javaコードへ変換したコードを一部抜粋
public final class MainKt {
    public static final void main() {
        List list = CollectionsKt.listOf(
            new CoffeeInline[]{
                CoffeeInline.box-impl(CoffeeInline.constructor-impl(100)),
                CoffeeInline.box-impl(CoffeeInline.constructor-impl(200)),
                CoffeeInline.box-impl(CoffeeInline.constructor-impl(300))
            }
        );
        Iterable $this$forEach$iv = (Iterable)list;
        int $i$f$forEach = false;
        Iterator var3 = $this$forEach$iv.iterator();

        while(var3.hasNext()) {
            Object element$iv = var3.next();
            int it = ((CoffeeInline)element$iv).unbox-impl(); // Object型からint型に変換される
            int var6 = false;
            boolean var8 = false;
            System.out.println(it);
        }
    }
}
```

ここまで説明した通り、Inline Classを使うことでコストに影響する場合もあるため注意する必要があります。

Type Aliasとの違い

Type Aliasは既存の型の代替名として利用できるので、一見するとInline Classと似ているようにも見えますが、」違いは何でしょうか。例として、Username 、Password という String クラスのType Aliasを用いて違いを説明します。次の auth(password, username) 関数では、引数を逆にしても両方とも String であるためコンパイルが通ります。

```
// type aliasで宣言する
typealias Username = String
typealias Password = String

// 認証する関する処理
fun auth(user: Username, pass: Password) { /* 認証に関する処理 */ }

fun main() {
    val username: Username = "username"
    val password: Password = "password"

    auth(password, username)
}
```

一方で、typealias を inline class に変更した場合、それぞれ異なる型であるためコンパイルエラーとなります。あくまでType Aliasは代替名なので独立した型を定義できません。

```
// Inline Classで宣言する
inline class Username(val value: String)
inline class Password(val value: String)

// 認証に関する処理
fun auth(user: Username, pass: Password) { /* 認証に関する処理 */}

fun main() {
    val username: Username = Username("username")
    val password: Password = Password("password")
    auth(password, username) // 型が異なるためコンパイルエラーが発生する
}
```

ちょっと便利な機能

Kotlin 1.4.30からInline Classのイニシャライザを利用できるようになり、無効な値であるか早期に検出できます。次の例では、ユーザー名を保持するInline Classの `Username` が必ず1文字以上のユーザー名であるか判定しています。

```
inline class Username(val value: String)

fun main() {
    val username = Username("")
    if (username.value.isNotEmpty()) {
        println(username) // ユーザー名が1文字以上あればユーザー名が表示される
    }
}
```

もし毎回1文字以上であることを確認する必要があれば煩わしくなりますが、そのようなときに役つ立つのがイニシャライザです。Inline Classのイニシャライザで事前に有効な値であるか検証できるので安心して利用できます。

```
inline class Username(val value: String) {
    init {
        require(value.isNotEmpty()) // 文字数が0文字であれば例外が発生する
    }
}

fun main() {
    val username = Username("") // 空文字なので例外が発生する
}
```

まとめ

Inline Classは今までラッパークラスとして利用してきたデータに対しての解決策となり、コストパフォーマンスを軽減できる効果があります。しかしながら、使い方によってはコストパフォーマンスが高くなる場合もあるので注意が必要です。Kotlin 1.4までは試験的に導入されていたInline Classですが、Kotlin 1.5から安定版として利用可能となる予定です。Kotlin 1.5の時点では、単一のプロパティのみ利用可能ですが、将来的には複数のプロパティをサポート予定のため、今後のInline Classの進化にも注目です。

Multiplatform

概要

Kotlin Multiplatformとは、Kotlinコードを複数のプラットフォームで実行できる機能を提供します。KotlinはJVM言語でありますが、JVM以外のプラットフォームでもコンパイルできるため、プラットフォーム間でコードを共有する機能を提供します。

Kotlinがバックエンドにも利用されるようになり、クライアントとサーバー間でKotlinコードを共有する機会もあります。共有ロジックまたはコンポーネントを再利用することによって再実装コストや困難なタスクの労力を削減できます。

なお、KMPとは、Kotlin Multiplatform Projectの略です。一方で、KMMとは、Kotlin Multiplatform Mobileの略です。KMMは、KMPの派生と考えることができ、モバイルプラットフォームに特化しています。

今回は、簡単なMultiplatformアプリケーションを作成し、KMPのプロジェクト構造を確認します。この構造がどのように機能するのか理解し、開発プロセスを効率化することで楽しいものなるので、理解を深めてみましょう。

サポート範囲

改めてKotlin Multiplatformとは、Kotlinのコードを各プラットフォームにコンパイルしてくれるライブラリの1つです。現在は下記のプラットフォームをサポートしています。

- iOS
- Mac OS
- Android
- Windows
- Linux
- WebAssembly

さまざまなプラットフォームがサポートされていることがわかります。

主なメリット

Kotlin Multiplatformでは下記のメリットがあります。

- ビジネスロジックを共通化できる
- モダンな言語であるKotlinを利用できる
- UI部分はそれぞれのプラットフォーム最適化できる
- 開発言語がKotlinによるため学習情報を蓄積しやすい
- クライアントやサーバーサイドといった職種の垣根を越境できる

Flutter、ReactNativeのようにiOSとAndroidのデザインを共通化するわけではなく、あくまでビジネスロジックなどをKotlinコードで共通化できます。これによって、プラットフォームに応じたUIに最適化できるのが特徴的です。さらに開発言語が1つに集約されるということは、開発リソースについてもメリットがあります。サーバーサイドやクライアントサイドの開発を分けることなく、言語間のキャッチアップコストが低くなり、開発リソースを無駄なく利用できます。

作成するプロジェクトのゴール

Mutltiplatformの全体像を掴んで頂きたく、1つのプロジェクトを元に解説させていただきます。今回はGitHubのラベルのように、背景色をユーザーが自由に決めて、中に表示するテキストの色を計算で導出する機能を作ります。テキスト色は黒か白ですが、最終的にはそのロジックをWebとデスクトップで共有できるようにします。

デスクトップの実行結果は次の通りです。

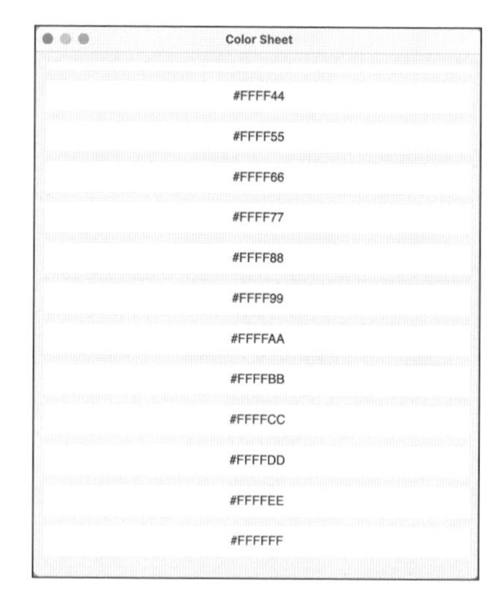

ブラウザの実行結果は次の通りです。

localhost:8080

Color Sheet

#000000	#000011	#000022	#000033	#000044	#000055	#000066	#000077
#000088	#000099	#0000AA	#0000BB	#0000CC	#0000DD	#0000EE	#0000FF
#001100	#001111	#001122	#001133	#001144	#001155	#001166	#001177
#001188	#001199	#0011AA	#0011BB	#0011CC	#0011DD	#0011EE	#0011FF
#002200	#002211	#002222	#002233	#002244	#002255	#002266	#002277
#002288	#002299	#0022AA	#0022BB	#0022CC	#0022DD	#0022EE	#0022FF
#003300	#003311	#003322	#003333	#003344	#003355	#003366	#003377
#003388	#003399	#0033AA	#0033BB	#0033CC	#0033DD	#0033EE	#0033FF
#004400	#004411	#004422	#004433	#004444	#004455	#004466	#004477
#004488	#004499	#0044AA	#0044BB	#0044CC	#0044DD	#0044EE	#0044FF
#005500	#005511	#005522	#005533	#005544	#005555	#005566	#005577
#005588	#005599	#0055AA	#0055BB	#0055CC	#0055DD	#0055EE	#0055FF

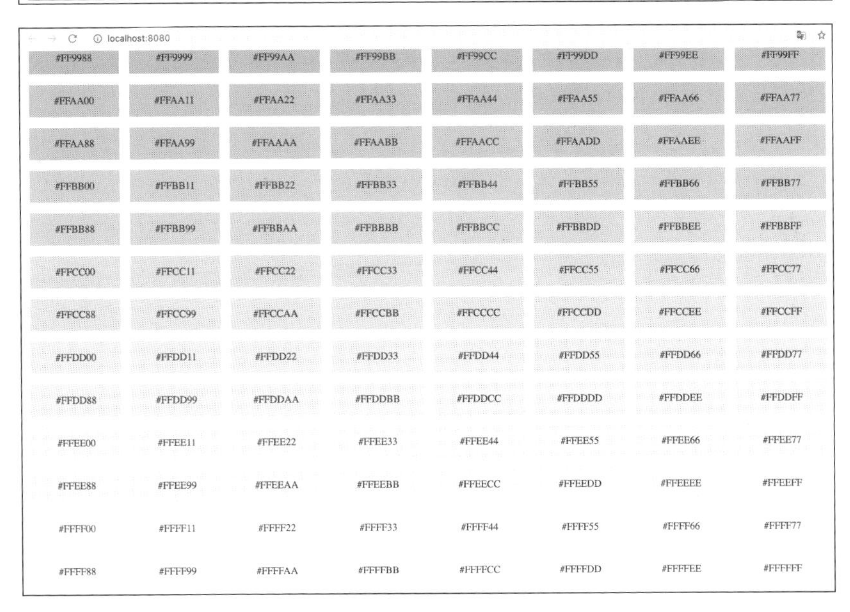

アプリケーションの実行

下記のリポジトリをclone後に、プロジェクトを開きます。

URL https://github.com/tommykw/color-sheet-multiplatform

ビルドシステムはGradleで構成されており、JDK 11が以上が必要です。下記からJDK11をダウンロードしてください。JDK 11が必要な理由は、Jetpack Composeを利用しているためです。Jetpack ComposeとはシンプルなUIデスクトップを構築するためのフレームワークです。

URL https://jdk.java.net/11/

IntelliJ IDEAでプロジェクトの `build.gradle.kts` を開きます。Mavenリポジトリなどから依存関係をダウンロードすると、プロジェクトを実行できます。

TerminalからWebの場合は下記のコマンドで実行できます。

```
$ ./gradlew browserRun
```

デスクトップの場合は、下記のコマンドで実行できます。

```
$ ./gradlew desktop:run
```

プロジェクトのKotlin Multiplatform構成

サンプルプロジェクトの構成を確認します。

```
color-sheet-multiplatform/
├── browser/
│    ├── src/
│    │    └── main/
│    └── build.gradle.kts
├── common/
│    ├── src/
│    │    ├── commonMain/
│    │    ├── desktopMain/
│    │    └── jsMain/
│    └── build.gradle.kts
├── desktop/
│    ├── src/
│    │    └── jvmMain/
│    └── build.gradle.kts
├── build.gradle.kts
└── settings.gradle.kts
```

color-sheet-multiplatform以下に `desktop` 、`browser` 、`common` プロジェクトが配置され、さらに `common` 以下にはKotlin Multiplatformプロジェクトが配置されます。`browser` と `desktop` では、共有コードである `common` プロジェクトからコードを共有できるようになっています。

ディレクトリ	説明
color-sheet-multiplatform	プロジェクトルート
browser	ブラウザアプリプロジェクト
desktop	デスクトップアプリプロジェクト
common	Kotlin Multiplatformプロジェクト
build.gradle.kts	プロジェクト全体の設定。拡張子のktsとはGradleのKotlin版
settings.gradle.kts	プロジェクト全体の定義

browser と desktop はJVMではありませんが、どのようにコード共有できるのでしょうか。

コード共有するためには、common というディレクトリにプラットフォーム間で共通のKotlinコードを配置する必要があります。ちなみにKotlinコードを利用できないプロジェクト、たとえばiOSのSwiftなどではKotlinコードを共有する仕組みとして、Kotlin/Nativeを利用します。

Kotlin/Nativeとは、Kotlinコードをネイティブバイナリにコンパイルするためのⅰ仕組みです。KotlinのコードをフロントエンドのKonanを利用してIRに変換し、その後、バックエンドのLLVMでネイティブバイナリに変換する流れとなっています。このKotlin/Nativeを使って、SwiftからKotlinコードを呼び出すことが可能となります。

さて、今回のプロジェクトでは common 以下に全体共通、デスクトップ、ブラウザと共通コードを管理するディレクトリ構成とします。

プラットフォーム	ディレクトリ構成
共通	common/src/commonMain
デスクトップ	common/src/desktopMain
ブラウザ	common/src/jsMain

ビルドシステム

Kotlin Multiplatformプロジェクトを作成するためには、ビルドシステムとしてGradleが必要となります。Gradleにはプロジェクトを作成する上で便利なプラグインが用意されています。Kotlin Multiplatformプロジェクトであれば、Kotlin MultiplatformGradleプラグインを使用してプロジェクトを作成できます。

それでは、サンプロプロジェクトのビルド設定の確認を行います。Gradleの全体設定に当たる、settings.gradle.kts を確認してみます。 multiplatform 、js 、jvm 、org.jetbrains.compose を指定および desktop 、common 、browser プロジェクトの指定を行っています。

SAMPLE CODE settings.gradle.kts

```
pluginManagement {
    // 利用したいプラグインとバージョン指定
    plugins {
        kotlin("multiplatform") version "1.4.31" // multiplatformの指定
        kotlin("js") version "1.4.31" // jsの指定
        id("org.jetbrains.compose") version "0.4.0-build177" // jetpack composeの指定
    }
```

```
    // ホストされているリポジトリの指定
    repositories {
        mavenCentral()
        google()
        maven { url = uri("https://maven.pkg.jetbrains.space/public/p/compose/dev") }
    }
}

// プロジェクト名の指定
rootProject.name = "color-sheet-multiplatform"

// 利用したいプロジェクトの指定
include(":desktop")
include(":common")
include(":browser")
```

次に、ルートの`build.gradle.kts`を確認します。プロジェクトのグループおよびバージョンを設定しており、また、kotlin gradle pluginの依存関係のパスを追加しています。

SAMPLE CODE build.gradle.kts

```
buildscript {
    repositories {
        jcenter()
        google()
        mavenCentral()
    }
    dependencies {
        // kotlin gradle pluginの依存関係のパスを追加
        classpath("org.jetbrains.kotlin:kotlin-gradle-plugin:1.4.31")
    }
}

// プロジェクトのグループとバージョンを指定
group = "color.sheet"
version = "1.0"

allprojects {
    repositories {
        jcenter()
        mavenCentral()
    }
}
```

common/build.gradle.kts の内容を確認します。共通コードで管理する desktop 、browser の設定を行っています。まず desktop に関しては、Jetpack Composeを利用するため、JDK11を指定しています。一方、browser はKotlin/JSを利用し、かつコンパイラは LEGACY を指定しています。Kotlin/JSの新しいコンパイラとしてIRコンパイラがありますが、Kotlin 1.4時点ではJetpack ComposeとJSプロジェクトのMultiplatformプロジェクトをコンパイルできないためです。詳細は下記を確認してください。

- Cannot compile multiplatform project with both Jetpack Compose and JS with IR compiler
  URL https://github.com/JetBrains/compose-jb/issues/352

SAMPLE CODE common/build.gradle.kt

```
// Jetpack Composeのインポート
import org.jetbrains.compose.compose

// 利用するプラグインの指定
plugins {
    kotlin("multiplatform")
    id("org.jetbrains.compose")
}

// リポジトリの指定
repositories {
    google()
    maven { url = uri("https://maven.pkg.jetbrains.space/public/p/compose/dev") }
}

kotlin {
    // デスクトップのJVMバージョンの指定
    jvm("desktop") {
        compilations.all {
            kotlinOptions.jvmTarget = "11"
        }
    }
    // JSコンパイルのレガシー版の利用
    js(LEGACY) {
        // ブラウザに関する各種設定
        browser {
            binaries.executable()
            webpackTask {
                cssSupport.enabled = true
            }
            runTask {
                cssSupport.enabled = true
            }
            testTask {
```

```
                useKarma {
                    useChromeHeadless()
                    webpackConfig.cssSupport.enabled = true
                }
            }
        }
    }
    // 共通、デスクトップ、ブラウザまでのソースセットの指定
    sourceSets {
        val commonMain by getting
        val commonTest by getting
        val desktopMain by getting {
            dependencies {
                implementation(compose.desktop.currentOs)
            }
        }
        val desktopTest by getting
        val jsMain by getting
        val jsTest by getting
    }
}
```


ロジックの共通化

今回のサンプルアプリケーションでは、デスクトップもブラウザも両方同じカラー情報とそれに応じたテキスト色(黒もしくは白)を表示します。たとえば、白に対してテキスト色は黒。黒に対してテキスト色は白を表示するためのロジックが必要です。加えてロジックの共通化を行うことでコードの重複を防げます。

`commonMain` 以下に `ColorExpect.kt` があり、次の内容になっています。

SAMPLE CODE common/commonMain/ColorExpect.kt

```
package color.sheet.common

import kotlin.math.pow

// 色を管理するためのデータクラス
data class Color(
    val r: Int,
    val g: Int,
    val b: Int,
)

// フラットフォームごとに色を表すデータが異なるため、expectで黒と白を宣言する
object Colors
expect val Colors.BLACK : Color
expect val Colors.WHITE : Color
```

```
// 色のサンプル
val baseColors = listOf("00", "11", "22", "33", "44", "55", "66", "77", "88", "99",
                        "AA", "BB", "CC", "DD", "EE", "FF")

// ここから下はテキスト色を取得するためのロジック
// 輝度を計算するためのRGBを取得する
fun getRGBForCalculateLuminance(colorCode: Int): Double {
    val color = colorCode / 255
    return if (color <= 0.03928) {
        color / 12.92
    } else {
        ((color + 0.055) / 1.055).pow(2.4)
    }
}

// 相対輝度を取得する
fun getRelativeLuminance(color: Color): Double {
    val (red, green, blue) = color
    val r = getRGBForCalculateLuminance(red)
    val g = getRGBForCalculateLuminance(green)
    val b = getRGBForCalculateLuminance(blue)
    return 0.2126 * r + 0.7152 * g + 0.0722 * b
}

// 2つの色からコンストラクト比率を取得する
fun getContrastRatio(color1: Color, color2: Color): Double {
    val luminance1 = getRelativeLuminance(color1)
    val luminance2 = getRelativeLuminance(color2)
    val bright = maxOf(luminance1, luminance2)
    val dark = minOf(luminance1, luminance2)
    return (bright + 0.05) / (dark + 0.05)
}

// フォントカラーを取得する
fun getFontColor(red: Int, green: Int, blue: Int): Color {
    val color = Color(red, green, blue)
    val whiteRatio = getContrastRatio(color, Colors.WHITE)
    val blackRatio = getContrastRatio(color, Colors.BLACK)
    return if (whiteRatio > blackRatio) Colors.WHITE else Colors.BLACK
}
```

サンプルのカラーコードとテキスト色を取得するための関数を定義しました。プラットフォームごとに白、黒を表すデータが異なるため、`expect`を用いてプラットフォーム側で独自に実装できるように白と黒のオブジェクトを定義します。`expect`に対して、各プラットフォームで`actual`を用いて実装コードを定義する必要があります。

次に、desktop側の`desktopMain`以下の`ColorActual.kt`を確認します。

SAMPLE CODE common/desktopMain/ColorActual.kt

```
package color.sheet.common

// Colorが名前衝突しないように、ComposeColorとして定義する
import androidx.compose.ui.graphics.Color as ComposeColor

// Jetpack Composeのカラークラスを利用するため、actualで黒色を宣言する
actual val Colors.BLACK: Color
    get() = Color(0,0,0)

// Jetpack Composeのカラークラスを利用するため、actualで白色を宣言する
actual val Colors.WHITE: Color
    get() = Color(255, 255, 255)

// テキスト色を取得する
fun getTextColor(red: Int, green: Int, blue: Int): ComposeColor {
    return if (getFontColor(red, green, blue) == Colors.BLACK) {
        ComposeColor.Black
    } else {
        ComposeColor.White
    }
}
```

desktop側の`ColorActual.kt`では、`Colors.BLACK`、`Colors.WHITE`プロパティに対してJetpack ComposeのColorクラスを`actual`を用いて実装しました。`commonMain`以下の`ColorExpect.kt`で共通化されたロジックを利用し、かつdesktop側で必要な戻り値を定義できました。

同様にbrowser側である、`desktopMain`以下の`ColorActual.kt`の内容は次の通りです。

SAMPLE CODE common/jsMain/ColorActual.kt

```
package color.sheet.common

// プラットフォームごとに色のクラスが異なるため、actualを用いて黒色を実装する
actual val Colors.BLACK: Color
    get() = Color(0,0,0)

// プラットフォームごとに色のクラスが異なるため、actualを用いて白色を実装する
actual val Colors.WHITE: Color
```

```
    get() = Color(255, 255, 255)

// テキスト色を取得する
fun getTextColor(red: Int, green: Int, blue: Int): String {
    return if (getFontColor(red, green, blue) == Colors.BLACK) {
        "#000000"
    } else {
        "#FFFFFF"
    }
}
```


Web側の実装

ここまではサンプルカラーに対して表示するテキストカラーロジックの共通化について説明ました。ここからは共通化のロジックを用いてブラウザ側のアプリケーションの実装について説明します。 `browser` プロジェクトでは、kotlinx.htmlライブラリを利用して、インラインブロックでカラーリストを表示します。アプリケーション実装の前に次のようにGradleにて、Kotlin/JSやkotlinx.htmlライブラリの依存関係を追加します。

SAMPLE CODE browser/build.gradle.kt

```
// Kotlin/JSのプラグインを追加
plugins {
    kotlin("js")
}

// kotlinx-htmlを利用するために、リポジトリを追加する
repositories {
    maven { url = uri("https://dl.bintray.com/kotlin/kotlinx") }
}

// Kotlin/JSにおけるコンパイラやタスクの設定
kotlin {
    js(LEGACY) {
        browser {
            binaries.executable()
            webpackTask {
                cssSupport.enabled = true
            }
            runTask {
                cssSupport.enabled = true
            }
            testTask {
                useKarma {
                    useChromeHeadless()
                    webpackConfig.cssSupport.enabled = true
                }
```

```
            }
        }
    }

    sourceSets {
        val main by getting {
            dependencies {
                // 共通コードの利用
                implementation(project(":common"))
                // kotlinx-htmlライブラリの追加。htmlをDSLで構築できる
                implementation("org.jetbrains.kotlinx:kotlinx-html:0.7.2")
            }
        }

        val test by getting
    }
}
```

Gradleによるビルド周りの設定が完了しましたので、次の通り`browser/client.kt`にアプリケーションコードを実装します。

SAMPLE CODE browser/client.kt

```
fun main() {
    // load イベント発生時、bodyにコンテンツを追加
    window.onload = { document.body?.appendContents() }
}

// コンテンツを追加する
fun Node.appendContents() {

    append {
        p {
            // 段落要素のテキストを追加
            +"Color Sheet"
        }

        div {
            // サンプルカラーからrgbを取得する
            baseColors.forEach { r ->
                baseColors.forEach { g ->
                    baseColors.forEach { b ->
                        span {
                            // spanにテキストを追加
                            +"#${r}${g}${b}"

                            // テキストカラーの取得
                            val textColor = getTextColor(r.toInt(16), g.toInt(16), b.toInt(16))
```

```
                    // styleに文字色や背景色を設定する
                    style = "display: inline-block; width: 80px; margin: 0.5rem;
                             padding: 1rem 2rem; text-align: center;
                             background-color: #${r}${g}${b}; color: $textColor"
                }
            }
        }
      }
    }
  }
}
```

なお、ブラウザで表示するため、`browser/resources/index.html` が必要です。

```
<!DOCTYPE html>
<html lang="en">
<head>
  <meta charset="UTF-8">
  <title>JS Client</tile>
</head>
<body>
<script src="browser.js"></script>
<div id="root"></div>
</body>
</html>
```

ブラウザのアプリケーションを実行するために下記コマンドを実行します。

```
$ ./gradlew browserRun
```

実行結果は次の通りです。カラーリストに対して、白もしくは黒のテキスト色が表示されていることがわかります。

localhost:8080

Color Sheet

#000000	#000011	#000022	#000033	#000044	#000055	#000066	#000077
#000088	#000099	#0000AA	#0000BB	#0000CC	#0000DD	#0000EE	#0000FF
#001100	#001111	#001122	#001133	#001144	#001155	#001166	#001177
#001188	#001199	#0011AA	#0011BB	#0011CC	#0011DD	#0011EE	#0011FF
#002200	#002211	#002222	#002233	#002244	#002255	#002266	#002277
#002288	#002299	#0022AA	#0022BB	#0022CC	#0022DD	#0022EE	#0022FF
#003300	#003311	#003322	#003333	#003344	#003355	#003366	#003377
#003388	#003399	#0033AA	#0033BB	#0033CC	#0033DD	#0033EE	#0033FF
#004400	#004411	#004422	#004433	#004444	#004455	#004466	#004477
#004488	#004499	#0044AA	#0044BB	#0044CC	#0044DD	#0044EE	#0044FF
#005500	#005511	#005522	#005533	#005544	#005555	#005566	#005577
#005588	#005599	#0055AA	#0055BB	#0055CC	#0055DD	#0055EE	#0055FF

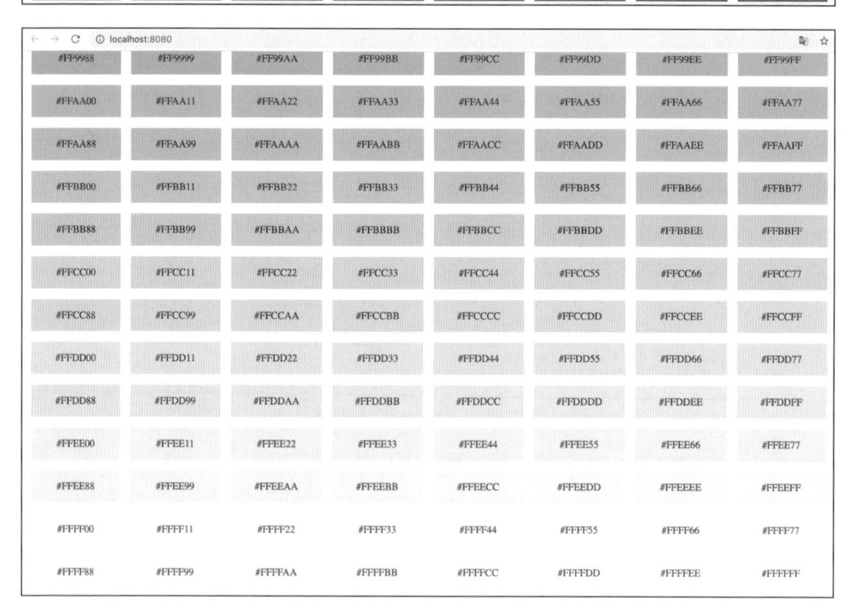

デスクトップの実装

ブラウザはKotlin/JSを用いてアプリケーションを構築しましたが、デスクトップはJetpack Compose for Desktopを利用してシンプルなデスクトップアプリケーションを構築します。Jetpack ComposeはKotlinで作成された宣言的UIを作成するためのフレームワークで、AndroidとJetpack Composeで実験的に開発されています。デスクトップとAndroidで利用できるため、ロジックだけではなく、UIコンポーネントの共有も可能です。では、デスクトップの実装する前に、`build.gradle.kts` でJetpack Composeや実行クラスの指定などを行います。

SAMPLE CODE desktop/build.gradle.kts

```
// Jetpack Composeをインポートする
import org.jetbrains.compose.compose

// multiplatformおよびcomposeのプラグインを追加
plugins {
    kotlin("multiplatform")
    id("org.jetbrains.compose")
}

// Jetpack Composeに関するリポジトリの追加
repositories {
    maven { url = uri("https://maven.pkg.jetbrains.space/public/p/compose/dev") }
}

kotlin {
    jvm {
        compilations.all {
            // JDK11を設定する
            kotlinOptions.jvmTarget = "11"
        }
    }
    sourceSets {
        val jvmMain by getting {
            dependencies {
                // 共通コードの利用
                implementation(project(":common"))
                // Jetpack Composeの利用
                implementation(compose.desktop.currentOs)
            }
        }
        val jvmTest by getting
    }
}

compose.desktop {
    application {
        // 実行クラスの指定
```

```
        mainClass = "color.sheet.desktop.MainKt"
    }
}
```


ビルドシステムの設定が完了したので、`desktop/jvmMain/main.kt` にデスクトップのアプリケーションコードを実装します。

SAMPLE CODE desktop/jvmMain/main.kt

```
// main関数
fun main() = Window(
    title = "Color Sheet",
    size = IntSize(width = 500, height = 600)
) {

    // コンテンツのレイアウト作成
    Box(
        modifier = Modifier.fillMaxSize()
            .padding(12.dp),
        contentAlignment = Alignment.Center
    ) {

        // スクロール可能なリストの作成
        LazyColumn(
            modifier = Modifier.fillMaxSize()
        ) {
            // サンプルカラーからrgbを取得する
            baseColors.forEach { r ->
                baseColors.forEach { g ->
                    baseColors.forEach { b ->
                        item {
                            // 背景色やテキストカラーをTextBoxにセットする
                            TextBox(
                                text = "#$r$g$b",
                                backgroundColor = Color(r.toInt(16), g.toInt(16), b.toInt(16)),
                                textColor = getTextColor(r.toInt(16), g.toInt(16), b.toInt(16))
                            )

                            // 余白の追加
                            Spacer(modifier = Modifier.height(12.dp))
                        }
                    }
                }
            }
        }
    }
}
```

```
// テキストボックスを作成する
@Composable
fun TextBox(
    text: String,
    backgroundColor: Color,
    textColor: Color,
) {
    Box(
        modifier = Modifier.fillMaxSize()
            .height(32.dp)
            .background(color = backgroundColor),
        contentAlignment = Alignment.Center
    ) {
        Text(text = text, color = textColor)
    }
}
```

デスクトップのアプリケーションを実行するために下記コマンドを実行します。

```
$ ./gradlew desktop:run
```

実行結果は次の通りです。カラーリストに対して、白もしくは黒のテキスト色が表示されていることがわかります。

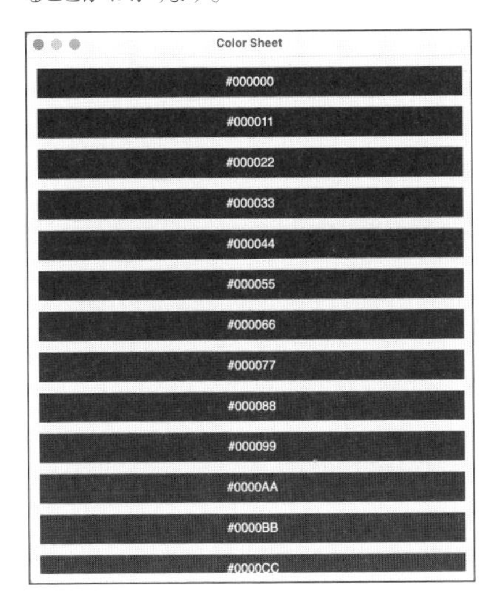

まとめ

Kotlin Multiplatformプロジェクトのブラウザとデスクトップのサンプルプロジェクトを用いて体系的にKotlin Multiplatfromについて学習しました。ビジネスロジックを共有することでDRY(Don't Repeat Yourself)にできます。また、Jetpack ComposeはAndroidとデスクトップに対応しているため、UIコンポーネントの共有も可能になります。一方でビルドシステムのGradle設定は煩雑なため、設定に苦労する可能性があります。Kotlin MultiplatformはKotlinのコード共有かつプラットフォーム間の異なる部分は当該言語で対応できることがやはり大きなメリットになります。

本章のまとめ

ここまでKotlinの特徴的な機能としてCoroutineからContract、DSL、Inline Class、Multiplatformまで学習しました。実験的な機能もありますが、基本文法から一歩踏み込んだことでKotlinの理解がさらに深まったのではないでしょうか。では、次章からKtorを使ってアプリケーションの開発を作る旅に出かけましょう。

▶ 参考文献

- coroutines-overview〔https://kotlinlang.org/docs/coroutines-overview.html〕
- Difference between thread and coroutine in Kotlin
〔https://stackoverflow.com/questions/43021816/difference-between-thread-and-coroutine-in-kotlin/43232925#43232925〕
- New Language Features Preview in Kotlin 1.4.30
〔https://blog.jetbrains.com/kotlin/2021/02/new-language-features-preview-in-kotlin-1-4-30/〕
- KEEP inline-classes
〔https://github.com/Kotlin/KEEP/blob/master/proposals/inline-classes.md〕

CHAPTER 04

Ktorによるアプリケーションの作成

本章では、Ktorのアプリケーション開発を実施します。Ktorを用いてSlackアプリケーション、Webサーバーなどを構築することで、体系的にKtorを学習できます。シンプルなアーキテクチャでカジュアルに使いやすいKtorを満喫してください。

SECTION-036

アプリケーション仕様

開発するアプリケーションについて

Ktorを用いたアプリケーションの開発する前に、まずは何を作るか仕様の整理をする必要があります。本章では、SlackとKtorを用いた「thanks-bank」というSlack連携のサンプルアプリケーションを開発することでKtorのサーバーサイド開発を体系的に学習します。なお、下記のURLでサンプルコードを提供しているので、サンプルコードを確認した上で、開発を進めてください。

URL https://github.com/tommykw/thanks-bank

thanks-bankでは、主に次の3つを実現します。

- Slackで感謝や応援や励ましの気持ちを伝える
- いつでも、気軽に、みんなでを大事にする
- 送った言葉をWebアプリケーション上で見ることができる

感謝の思いは意識していないとなかなか日ごろから伝えにくいものです。Slackはチャンネルベースのメッセージツールで業務や特定のグループで利用されています。直接、感謝の気持ちを伝えるのは難しいので、Slack Bot経由でメッセージを送信できることで、カジュアルに感謝の気持ちを伝えることができます。さらにオープンなチャンネルでメッセージが公開されることで透明性が高くなります。

thanks-bankの利用イメージ

thanks-bankでは次の機能があり、SlackとWebアプリケーションを活用しているので、それぞれ使い方を説明します。

- メッセージを送る
- メッセージを受け取る
- メッセージを見る

▶メッセージを送る

感謝の気持ちを送るには、Slack上で `/thanks` とコマンドを入力、実行します。

メッセージを送信するダイアログが表示されるので、宛先とメッセージをそれぞれ選択し、入力します。

2つの項目を入力後に送信ボタンをクリックします。送信が完了すると、レスポンスとして完了メッセージが送信者だけに表示されます。

対象者に感謝のメッセージを送信すると、データベースに内容が保存され、後述するWebアプリケーションでその一覧を見ることができます。

▶ メッセージを受け取る

先ほど送信したメッセージは即時受け取るわけでなく、一定期間まとめて届けられます。受け取ったサンクス数、送信日時、差出人、宛先、本文が指定したチャンネルにお披露目されます。また、メッセージは、メンションにて対象の方に通知されます。

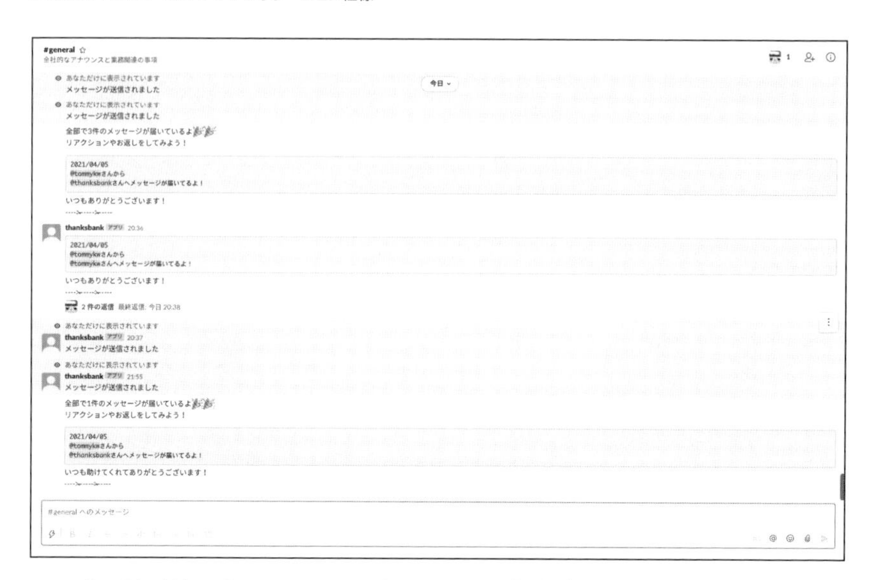

メッセージに対してリアクションやスレッドでメッセージを送ると、データベースに保存されて、後述するWebアプリケーションでリアクション数やスレッドのメッセージを閲覧できます。

▶ メッセージを見る

送信されたすべてのメッセージはWebアプリケーションを通じて閲覧できます。一覧画面では、宛先、送信者、スレッド数、メッセージなどをリスト形式で確認できます。

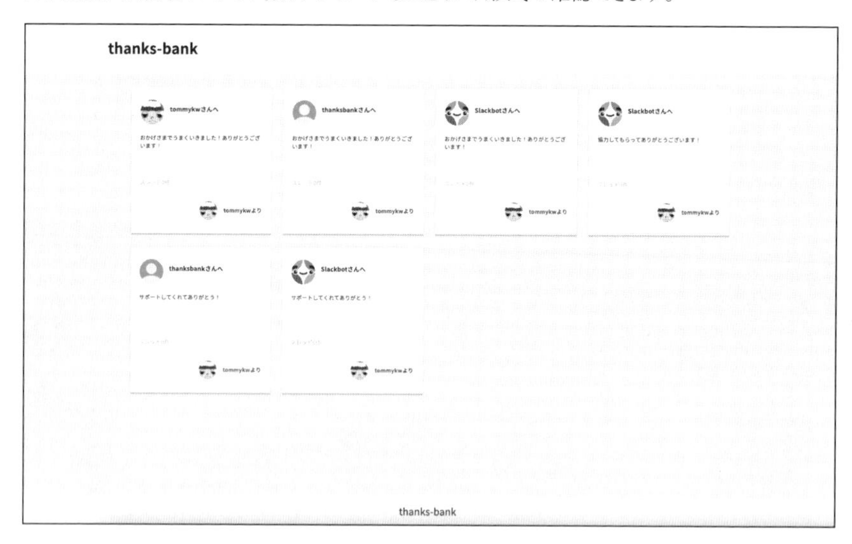

対象のメッセージを選択すると、メッセージの詳細が詳細画面で表示されます。詳細画面ではメッセージに紐付いたスレッドのメッセージなどを閲覧できます。

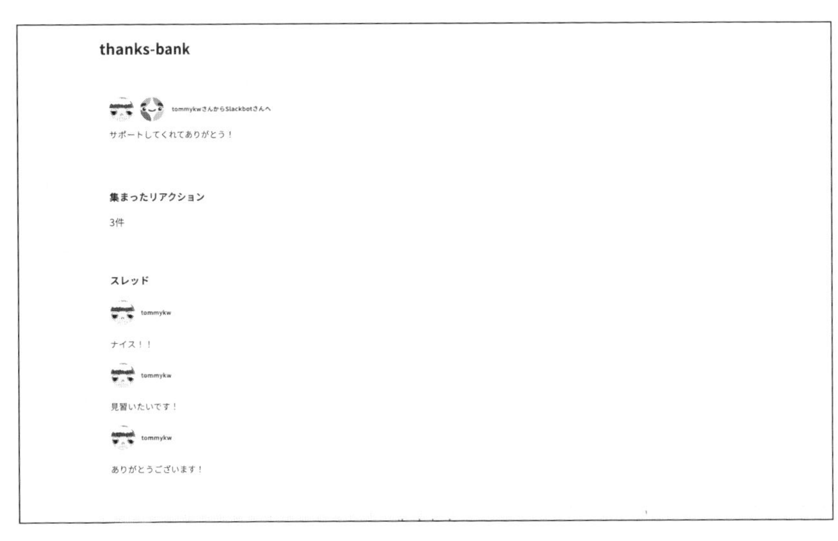

今回のWebアプリケーションはメッセージの一覧画面と詳細画面の2つのシンプルな構成となっています。

ユビキタス言語

ユビキタス言語は、開発におけるコンテキストで利用し、共通認識を持てることが主たる目的です。本章では下記の通りユビキタス言語を整理しました。

ユビキタス言語	説明
thanks-bank	開発するアプリケーション
サンクス	自発的に送信するメッセージ
投稿する	定期的に公開チャンネルにサンクスを送信する
リアクション	投稿されたサンクスに対してのSlackのEmoji Reaction
お返事	投稿されたサンクスに対しての、Slackのスレッド機能のPost
公開チャンネル	みんなのサンクスが投稿されるSlackチャンネル

SECTION-037

アーキテクチャ策定

アーキテクチャ

アプリケーションの仕様が決まったので、ここからアーキテクチャの設計を実施します。今回はSlackアプリとWebアプリケーションをKtorで開発します。なお、Ktorには次の特徴があります。

- JetBrainsが中心になって開発したフレームワーク
- 2018年に安定版リリース
- 現在はバージョン1.5.3
- とても軽量なフレームワーク
- 機能単位で拡張しやすい
- マルチプラットフォーム対応
- コルーチンベースの非同期フレームワーク

アーキテクチャは次の通りになります。

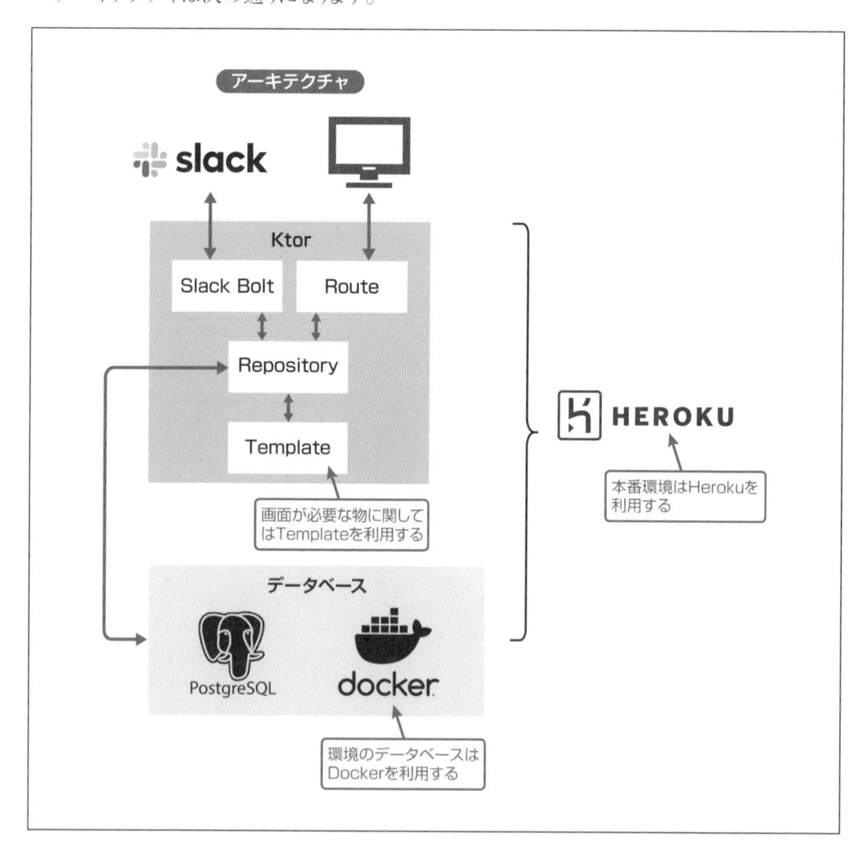

▶ Ktor - Slack Bolt

Slack Boltとは、Slackアプリ開発を簡単に行うためフレームワークで、いくつかの言語がサポートされています。なお、v1.3.0からKtorもサポートされました。

URL https://github.com/slackapi/java-slack-sdk

Slack Boltは、SlackのConversations API、Users API、Reaction APIなど、各種APIを利用することでチャンネルにジョインしているユーザー一覧やチャンネルのコメント情報を取得できます。また、Slack API ClientというUIビルダーも提供されているため、Slackのフォームやボタンなど簡単に作成できます。Ktorの役割はSlackアプリを利用するためのバックエンド部分を担っています。

▶ Ktor - Route

Ktorのルーティング機能を用いてサンクス一覧やサンクス詳細やSlackイベントなどのルーティング設定を行います。

▶ Ktor - Repository

サンクス一覧やリアクション、Slackユーザー情報など、リポジトリを通じて取得、更新、削除します。

▶ Ktor - Template

FreeMakerというテンプレートエンジンを利用しており、サンクス一覧やサンクス詳細画面を表示する際に利用します。

▶ データベース

データベースはPostgreSQLを使用し、開発環境ではDockerを利用します。本番環境ではHeroku上でPostgreSQLを使用します。

▶ Heroku

Deployパートでも紹介しますが、本番環境の構築はHerokuを使用します。

ディレクトリ構成

下記の通りのディレクトリ構成で、Slack BoltとWebアプリケーションを含んだモノシリックな構成です。


```
thanks-bank/
├── resources/
│    ├── css/
│    │    └── style.css
│    └── templates/
│         ├── thanks.ftl
│         ├── thanks_detail.ftl
│         └── common/
│              ├── container.ftl
│              ├── footer.ftl
│              └── navbar.ftl
├── src/
│    ├── util/
│    ├── model/
│    ├── module/
│    ├── repository/
│    ├── route/
│    └── Application.kt
├── docker-compose.yml
├── build.gradle
└── gradle.properties
```

ディレクトリ	説明
thanks-bank	プロジェクトルート
resources	テンプレートやCSS
src/util	ユーティリティクラス
src/model	データを取り扱うためのモデル
src/module	Slackアプリのモジュール
src/repository	リポジトリパターンを使ったリポジトリ
src/route	URLのルーティング設定
src/Application.kt	起動するアプリケーション
build.gradle	依存関係を解決するためのGradle設定
gradle.properties	バージョンなど定数を管理
docker-compose.yml	Docker Composeの設定

データベーススキーマ

今回利用する3つのテーブルの定義です。

▶ thanksテーブル

サンクスを管理するテーブルです。

カラム	型	詳細
id	int	主キー
body	text	投稿本文
slack_user_id	string	投稿者のSlack User Id
target_slack_user_id	string	サンクスの対象者のSlack User Id
slack_post_id	string	公開チャンネルへの公開投稿のid（タイムスタンプ）
parent_slack_post_id	int	公開チャンネルへの投稿に対するスレッドの返信内容のid（タイムスタンプ）
created_at	datetime	作成日
updated_at	datetime	更新日

▶ thanks_reactionsテーブル

公開チャンネルの投稿に対してついた絵文字リアクションを保存するテーブルです。

カラム	型	詳細
id	int	主キー
slack_post_id	string	リアクションをされたSlackの投稿ID（タイムスタンプ）
slack_user_id	string	リアクションをしたSlack User ID
reaction_name	string	リアクション絵文字の名前
created_at	datetime	作成日
updated_at	datetime	更新日

▶ usersテーブル

Slackユーザーの情報を管理するテーブルです。

カラム	型	詳細
id	int	主キー
slack_user_id	string	Slack User Id
real_name	string	Slackのユーザー名
user_image	string	Slackのユーザー画像のURL
created_at	datetime	作成日
updated_at	datetime	更新日

本来であればマイグレーションやバージョン管理やスキーマ管理をする必要がありますが、今回は割愛させていただきます。必要であれば、Flywayなどを利用してください。

URL https://github.com/flyway/flyway

Ktorコア機能とライブラリ

今回利用するKtorのコア機能やライブラリなどを紹介します。

▶ HikariCP

HikariCPは、JDBC のコネクションプールに利用します。

URL https://github.com/brettwooldridge/HikariCP

▶ Exposed

Exposedは、O/Rマッパフレームワークです。データベースのCRUDをサポートしており、HikariCPとともに利用します。

URL https://github.com/JetBrains/Exposed

▶ Data Conversion

Data Conversionは、データをシリアルおよびデシリアル化できるKtorのコア機能です。Locationと組み合わせることができます。

URL https://ktor.io/docs/data-conversion.html

▶ Location

Locationは、Ktorのルーティング機能で、URLやパラメータに対して型安全にルーティング設定できます。`Int`、`String`、`Boolean`の型をサポートしています。RESTメソッドは、GET、POST、PATCH、DELETEメソッドをサポートしています。

URL https://ktor.io/docs/features-locations.html

▶ Status Pages

Status Pagesは、例外を管理するためのKtorコア機能です。HTTP Statusのステータスを簡単に扱うことができます。

URL https://ktor.io/docs/status-pages.html

▶ Gson

Gsonは、JSONをシリアライズとデシリアライズします。

URL https://ktor.io/docs/gson.html

▶ PostgreSQL

PostgreSQLは、永続データの管理に使用し、開発環境についてはDockerコンテナを用いてコンテナを作成します。

URL https://www.postgresql.org/

SECTION-038

Ktorプラグインで簡単セットアップ

Ktorプラグインのインストールから実行

Ktorプロジェクトをセットアップするには、利用するコア機能やライブラリの依存関係を解決する必要があります。1つひとつ依存関係を解決することは手間なため、Ktorプラグインを利用してセットアップを実施します。Ktorプラグインとは、IntelliJ IDEAのプラグインで、Ktorプロジェクトの雛形を簡単に作成できます。

「IntelliJ IDEA」メニューから「Preferences」を選択し、「Plugins」をクリックします。「Marketplace」タブを選択した状態で、「ktor」と入力します。

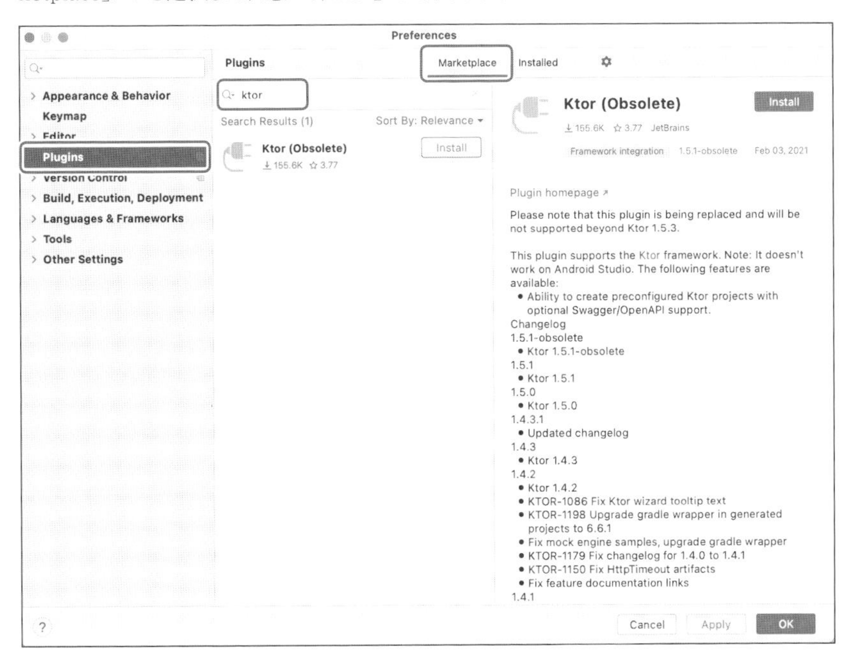

「Ktor(Obsolete)」が表示されるので、Ktorプラグインをインストールします。執筆時点では「Ktor(Obsolete)」ですが、新しいKtorプラグインがリリースされている場合は新しいKtorプラグインを利用してください。

インストールが完了したら、「File」メニューから「New」→「Project」を選択し、新規プロジェクトを作成します。「Project」に「Ktor(Obsolete)」を選択し、次ページの表の通りに設定します。

項目	内容
Project SDK	任意のSDKを指定する
Project	Gradle
Wrapper Using	Netty
Ktor Version	1.5.1
Server	下記をONにする ・Freemarker ・Static Content ・Locations ・Status Pages ・Routing ・GSON ・ContentNegotiation

「Server」でONにした機能は下記の通りです。

Ktorコア機能	説明
Freemarker	FreeMarkerテンプレートを使用する
Static Content	CSSや画像などの静的コンテンツを利用できる
Locations	型安全な形でルーティングを設定できる
Status Pages	HTTPステータスコードに応じてページ切り替えができる
Routing	ルーティングの設定
GSON	Jsonデータをシリアライズ、デシリアライズする
ContentNegotiation	JSONレスポンスを受け取れるようにする

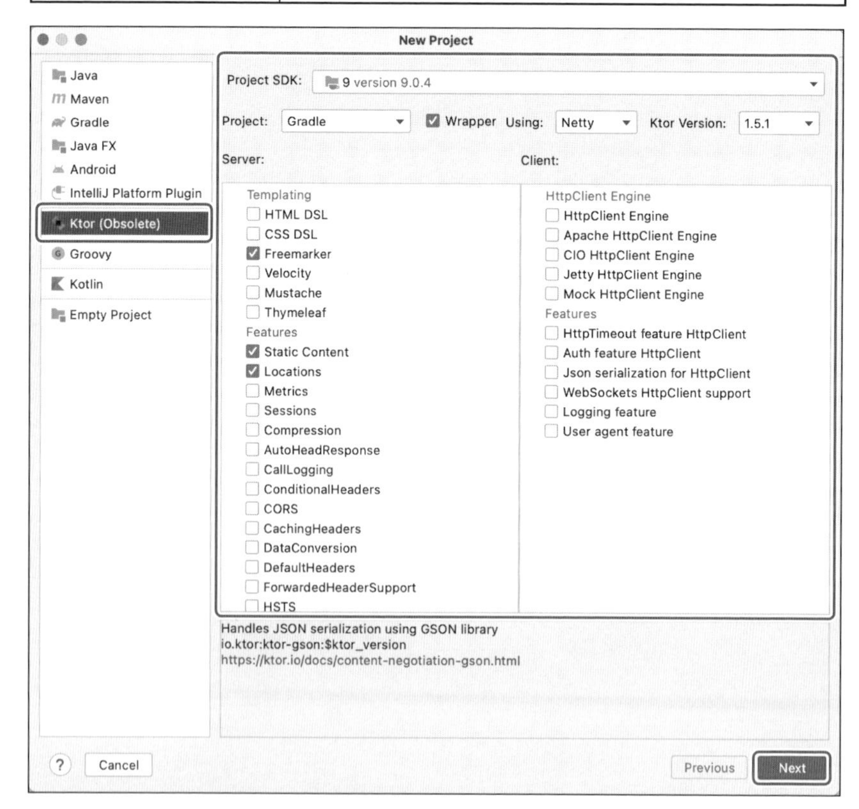

「Next」ボタンをクリックし、「GroupId」「ArtifactId」「Verson」にデフォルトもしくは任意の値を指定します。

項目	内容
GroupId	デフォルトもしくは任意のidを指定する
ArtifactId	デフォルトもしくは任意のidを指定する
Version	デフォルトもしくは任意のバージョンを指定する

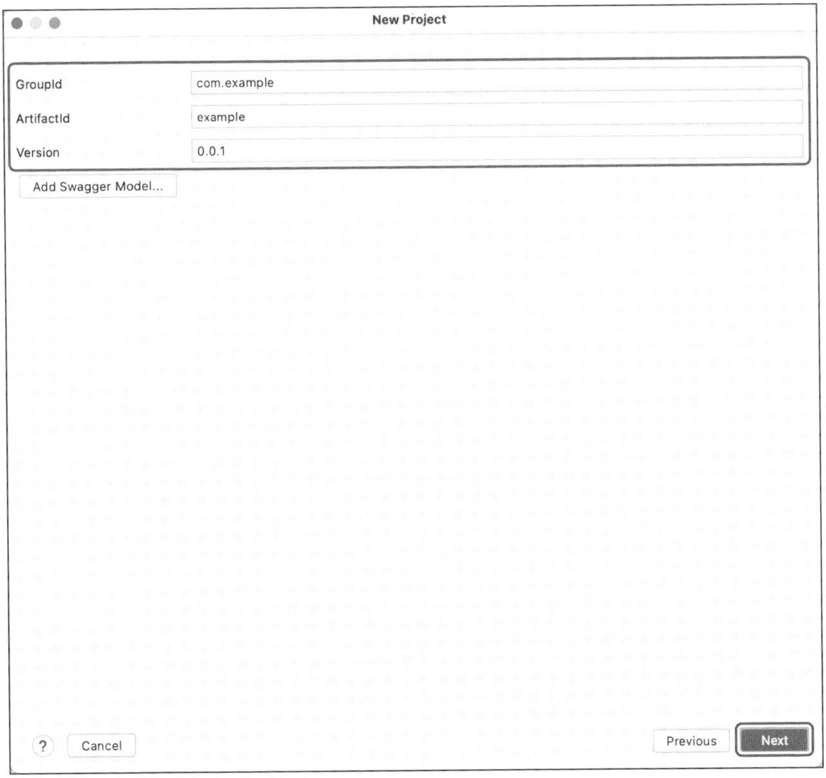

New Project

GroupId com.example
ArtifactId example
Version 0.0.1
Add Swagger Model...
? Cancel Previous Next

「Next」ボタンをクリックし、「Project name」などに任意の値を入力します。

項目	内容
Project name	thanks-bank
Project location	任意のディレクトリ

「Finish」ボタンをクリックすると、プロジェクトが表示されます。

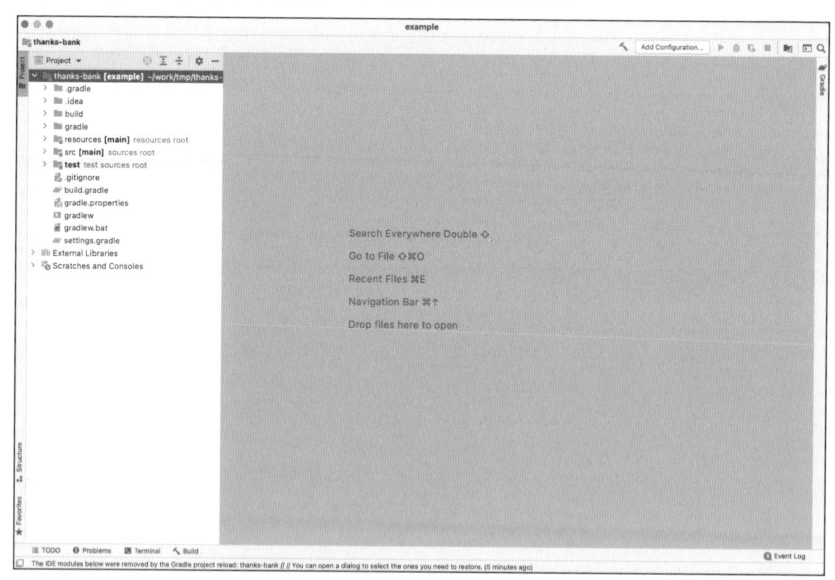

早速、プロジェクトを起動するため、Gradleのrunタスクを実行します。

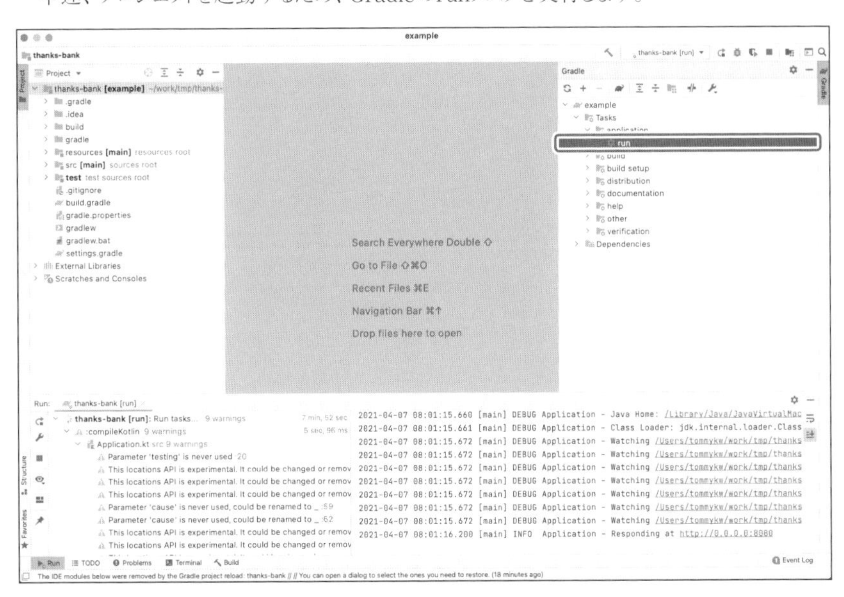

アプリケーションが起動されて、ブラウザから「http://0.0.0.0:8080/」にアクセスすると、「Hello World」が表示されます。

`Application.kt` はアプリケーションのメインのエントリーポイントで、`/` にアクセスすると「Hello World」文字列を返す実装になっています。

SAMPLE CODE Application.kt

```
fun Application.module(testing: Boolean = false) {
    ...

    routing {
        get("/") { // HTTP GETでかつ/にアクセスすると、HELLO WORLD!を返す
            call.respondText("HELLO WORLD!", contentType = ContentType.Text.Plain)
        }
    }

    ...
}
```

以上でKtorプロジェクトのひな形の作成が完成しました。

SECTION-039

Dockerで作るPostgreSQL環境

Dockerとは

ローカル環境で開発を進める際、Webアプリケーションでサンクス一覧を閲覧したり、Slackへ定期的に投稿するため、永続的にサンクスなどを保存する必要があります。保存するデータベースはPostgreSQLを利用しますが、ローカル環境でセットアップするのは煩わしいです。そこで、Docker Composeを使ってPostgreSQLのコンテナを作ることで、作成したり削除したりすることが容易で扱いやすくなります。

Docker Composeとは、`docker-compose.yml`を定義することで複数のコンテナを定義し、それを利用してDockerビルドやコンテナ起動できるツールです。コマンドでコンテナを管理でき、次のようなコマンドがあります。

コマンド	機能
docker-compose up -d	コンテナ起動(バックグラウンド)
docker-compose down	コンテナ停止
docker volume ls	ボリューム確認
docker volume rm <volume>	ボリューム削除

公式サイトよりDockerをインストールしてください。

URL https://docs.docker.jp/get-docker.html

プロジェクトルートに`docker-compose.yml`を作成し、次の通り設定します。

SAMPLE CODE docker-compose.yml

```
version: '3' // バージョン名

services: // 各種サービス
  db: // 今回はdatabaseのみ
    container_name: thanks-bank-db // コンテナ名
    image: postgres:13-alpine      // image
    environment:
      POSTGRES_DB: "thanks-bank"            // PostgresのDatabase名
      POSTGRES_USER: "postgres_user"        // Postgresのユーザー名
      POSTGRES_PASSWORD: "postgres_pass" // Postgresのパスワード
      PGDATA: /var/lib/postgresql/data    // 保存場所
    volumes:
      - postgres-data:/var/lib/postgresql/data // volumeの指定
    ports:
      - "5432:5432" // ポート番号
volumes: // 各種volume
  postgres-data:
```

次のコマンドを実行すると、PostgreSQLのコンテナを起動できます。また、`volume` を設定しているため、コンテナを停止してもデータは消えません。

```
$ docker-compose up -d
```


テーブルの作成

ユーザーやサンクスなどに関するテーブルを作成します。

▶「users」テーブルの定義

Exposedは、O/Rマッパであり、SQLをDSLで構築できます。また、HikariCPでコネクションプールの設定を行います。データベース関連の依存関係を `build.gradle` および `gradle.properties` に追加します。

SAMPLE CODE gradle.properties

```
exposed_version=0.15.1
h2_version=1.4.200
hikaricp_version=3.4.5
postgres_version=42.2.14.jre7
```

SAMPLE CODE build.gradle

```
dependencies {
    …
    implementation "com.h2database:h2:$h2_version"
    implementation "com.zaxxer:HikariCP:$hikaricp_version"
    implementation "org.jetbrains.exposed:exposed:$exposed_version"
    implementation "org.postgresql:postgresql:$postgres_version"
    …
}
```

データベースのテーブル定義を行います。まずは、`users` テーブルをExposedを使って定義すると、次のようになります。 `model` パッケージ以下に `ThanksTable` オブジェクトを宣言し、`IntIdTable` を継承することで `integer` 型のidを主キーで設定できます。なお、今回はindexについて考慮せずに説明します。

SAMPLE CODE User.kt

```
object UsersTable: IntIdTable(name = "users") {
    val slackUserId = varchar(name = "slack_user_id", length = 255)
    val realName = varchar(name = "real_name", length = 255)
    val userImage = varchar(name = "user_image", length = 255)
    val createdAt = datetime(name = "created_at").default(DateTime.now())
    val updatedAt = datetime(name = "updated_at").default(DateTime.now())
}
```

Exposedで取得するレコードは `ResultRow` ですが、よりエンティティとして利用しやすくするために、`User` データクラスを作成します。加えて `ResultRow` から `User` に変換できる関数と `users` テーブルからslackUserIdを基に `User` オブジェクトを取得する関数を、下記のように `User.kt` に追加します。

SAMPLE CODE User.kt

```
// Userデータクラス
data class User(
    val id: Int,
    val slackUserId: String,
    val realName: String,
    val userImage: String,
    val createdAt: DateTime,
    val updatedAt: DateTime
) : Serializable

object UsersTable: IntIdTable(name = "users") {
    val slackUserId = varchar(name = "slack_user_id", length = 255)
    val realName = varchar(name = "real_name", length = 255)
    val userImage = varchar(name = "user_image", length = 255)
    val createdAt = datetime(name = "created_at").default(DateTime.now())
    val updatedAt = datetime(name = "updated_at").default(DateTime.now())

    // slackUserIdからUserを取得する
    fun getUserBySlackUserId(slackUserId: String): User {
        return UsersTable.select { UsersTable.slackUserId eq slackUserId }.map {
            toUser(it)
        }.single()
    }

    // ExposedのResultRowからUserデータクラスに変換する
    fun toUser(row: ResultRow): User {
        return User(
            id = row[id].value,
            slackUserId = row[slackUserId],
            realName = row[realName],
            userImage = row[userImage],
            createdAt = row[createdAt],
            updatedAt = row[updatedAt],
        )
    }
}
```

▶「thank_reactions」テーブルの定義

`users` テーブルと同様に `IntIdTable` を継承して `integer` 型のidを主キーで設定します。テーブルの定義は次の通りです。

SAMPLE CODE ThankReaction.kt

```
object ThankReactionsTable: IntIdTable(name = "thank_reactions") {
    val slackUserId = varchar(name = "slack_user_id", length = 255)
    val reactionName = varchar(name = "reaction_name", length = 255)
    val slackPostId = varchar(name = "slack_post_id", length = 255)
    val createdAt = datetime(name = "created_at").default(DateTime.now())
    val updatedAt = datetime(name = "updated_at").default(DateTime.now())
}
```

`users` テーブルと同様に `ResultRow` から `ThankReaction` に変換する関数を追加します。

SAMPLE CODE ThankReaction.kt

```
// ThankReactionデータクラス
data class ThankReaction(
    val id: Int,
    val slackUserId: String,
    val reactionName: String,
    val slackPostId: String,
    val createdAt: DateTime,
    val updatedAt: DateTime
) : Serializable

object ThankReactionsTable: IntIdTable(name = "thank_reactions") {
    val slackUserId = varchar(name = "slack_user_id", length = 255)
    val reactionName = varchar(name = "reaction_name", length = 255)
    val slackPostId = varchar(name = "slack_post_id", length = 255)
    val createdAt = datetime(name = "created_at").default(DateTime.now())
    val updatedAt = datetime(name = "updated_at").default(DateTime.now())

    // ResultRowからThankReactionに変換する
    fun toThankReaction(row: ResultRow): ThankReaction {
        return ThankReaction(
            id = row[id].value,
            slackPostId = row[slackPostId],
            reactionName = row[reactionName],
            slackUserId = row[slackUserId],
            createdAt = row[createdAt],
            updatedAt = row[updatedAt],
        )
    }
}
```

▶「thanks」テーブルの定義

users、thank_reactions テーブルと同様に IntIdTable を継承して integer 型のidを主キーで設定します。テーブルの定義は次の通りです。

SAMPLE CODE Thank.kt

```
object ThanksTable: IntIdTable(name = "thanks") {
    val slackUserId = varchar(name = "slack_user_id", length = 255)
    val body = text(name = "body")
    val targetSlackUserId = varchar(name = "target_slack_user_id", length = 255).nullable()
    val slackPostId = varchar(name = "slack_post_id", length = 255).nullable()
    val parentSlackPostId = varchar(name = "parent_slack_post_id", length = 255).nullable()
    val createdAt = datetime(name = "created_at").default(DateTime.now())
    val updatedAt = datetime(name = "updated_at").default(DateTime.now())
}
```

ResultRow から Thank に変換する関数と slackPostId からスレッド数を取得する関数を追加します。

SAMPLE CODE Thank.kt

```
// Thankデータクラス
data class Thank(
    val id: Int,
    val slackUserId: String,
    val body: String,
    val targetSlackUserId: String?,
    val slackPostId: String?,
    val parentSlackPostId: String?,
    val realName: String,
    val targetRealName: String,
    val userImage: String,
    val targetUserImage: String,
    val threadCount: Int,
    val createdAt: DateTime,
    val updatedAt: DateTime
) : Serializable

object ThanksTable: IntIdTable(name = "thanks") {
    val slackUserId = varchar(name = "slack_user_id", length = 255)
    val body = text(name = "body")
    val targetSlackUserId = varchar(name = "target_slack_user_id", length = 255).nullable()
    val slackPostId = varchar(name = "slack_post_id", length = 255).nullable()
    val parentSlackPostId = varchar(name = "parent_slack_post_id", length = 255).nullable()
    val createdAt = datetime(name = "created_at").default(DateTime.now())
    val updatedAt = datetime(name = "updated_at").default(DateTime.now())

    // SlackPostIdからスレッド数を取得する
    fun getThreadCountBySlackPostId(slackPostId: String): Int {
```

```
        return ThanksTable.select {
            parentSlackPostId eq slackPostId
        }.count()
    }

    // ResultRowからThankに変換する
    fun toThank(row: ResultRow): Thank {
        val user = getUserBySlackUserId(row[slackUserId])

        var targetRealName = ""
        var targetUserImage = ""

        row[targetSlackUserId]?.let {
            val targetUser = getUserBySlackUserId(row[targetSlackUserId]!!)

            targetRealName = targetUser.realName
            targetUserImage = targetUser.userImage
        }

        val threadCount = if (row[slackPostId] != null) {
            getThreadCountBySlackPostId(row[slackPostId]!!)
        } else {
            0
        }

        return Thank(
            id = row[id].value,
            slackUserId = row[slackUserId],
            body = row[body],
            targetSlackUserId = row[targetSlackUserId],
            realName = user.realName,
            targetRealName = targetRealName,
            userImage = user.userImage,
            targetUserImage = targetUserImage,
            slackPostId = row[slackPostId],
            parentSlackPostId = row[parentSlackPostId],
            createdAt = row[createdAt],
            updatedAt = row[updatedAt],
            threadCount = threadCount,
        )
    }
}
```

▶テーブルの初期化

Exposedを用いてテーブル定義を行ったので、次にテーブルの初期化を行います。まずはデータベースに関する環境変数を設定します。「Edit Configrations」→「Environment variables」から「JWT_SECRET」と「SECRET_KEY」と「JDBC_DATABASE_URL」を次の通りそれぞれ登録します。

- JWT_SECRET=${任意の値}
- SECRET_KEY=${任意の値}
- JDBC_DATABASE_URL=jdbc:postgresql://127.0.0.1/thanks-bank?user=postgres_user&password=postgres_pass

なお、ローカルのデータベース情報は**docker-compose.yml**に定義しています。

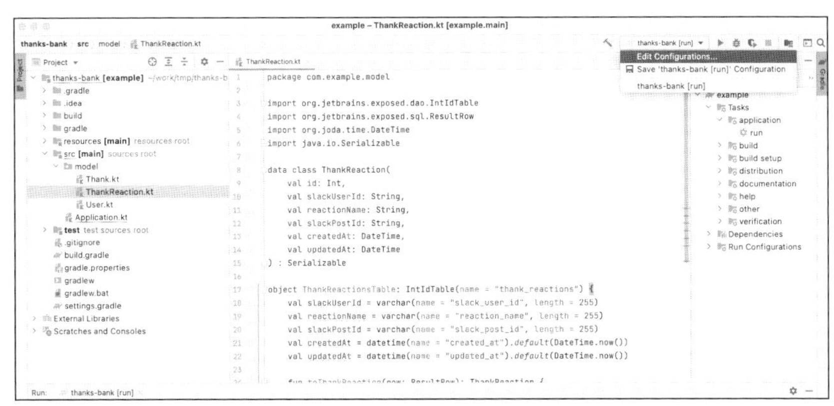

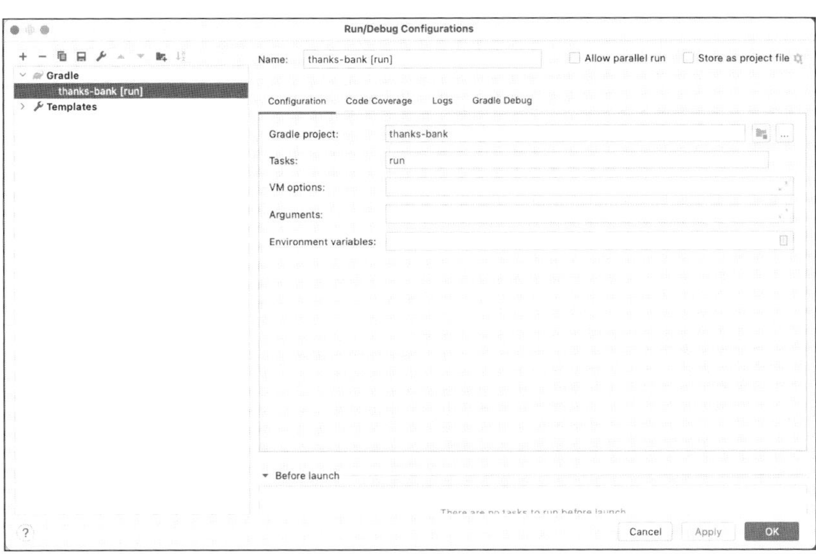

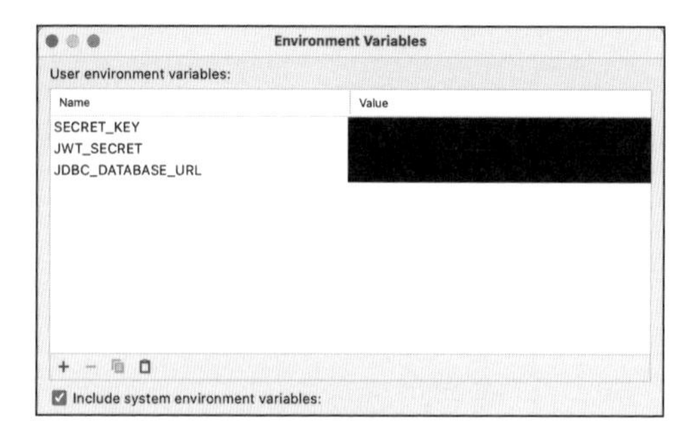

次にデータベースの初期化クラスとして `repository` パッケージ以下に `DatabaseFactory.kt` を作成します。 `hikari()` 内にデータベースのコネクション接続、オートコミット、JDBCの接続情報を設定し、`HikariDataSource` を返却します。

SAMPLE CODE DatabaseFactory.kt

```
object DatabaseFactory {

    // JDBCに関わる設定
    private fun hikari(): HikariDataSource {
        val config = HikariConfig()
        config.driverClassName = "org.postgresql.Driver"
        config.jdbcUrl = System.getenv("JDBC_DATABASE_URL")
        config.maximumPoolSize = 3
        config.isAutoCommit = false
        config.transactionIsolation = "TRANSACTION_REPEATABLE_READ"
        config.validate()
        return HikariDataSource(config)
    }

}
```

次にデータベースの初期化関数として `init()` を作成します。先ほど作成した `hikari()` をExposedに適用することで、Exposedの実行でスキーマの定義が反映されます。

SAMPLE CODE DatabaseFactory.kt

```
object DatabaseFactory {

    fun init() {
        // データベースへ接続
        Database.connect(hikari())

        // テーブルの作成
        transaction {
            SchemaUtils.create(ThanksTable)
            SchemaUtils.create(ThankReactionsTable)
            SchemaUtils.create(UsersTable)
```

```
        }
    }

    private fun hikari(): HikariDataSource {
        val config = HikariConfig()
        config.driverClassName = "org.postgresql.Driver"
        config.jdbcUrl = System.getenv("JDBC_DATABASE_URL")
        config.maximumPoolSize = 3
        config.isAutoCommit = false
        config.transactionIsolation = "TRANSACTION_REPEATABLE_READ"
        config.validate()
        return HikariDataSource(config)
    }
}
```

DatabaseFactoryの作成が完了したので、Application.module()で初期化関数を実行します。

SAMPLE CODE Application.kt

```
fun Application.module(testing: Boolean = false) {
    ...
    DatabaseFactory.init()
    ...
}
```

docker-compose up -dでコンテナを起動した後にアプリケーションを起動すると、次の通り、ログ上で各種テーブルのCREATE文が発行されていることがわかります。

```
2021-04-11 11:31:37.375 [main] DEBUG Exposed - CREATE TABLE IF NOT EXISTS thanks (id SERIAL
PRIMARY KEY, slack_user_id VARCHAR(255) NOT NULL, body TEXT NOT NULL, target_slack_user_id
VARCHAR(255) NULL, slack_post_id VARCHAR(255) NULL, parent_slack_post_id VARCHAR(255) NULL,
created_at TIMESTAMP DEFAULT '2021-04-11 11:31:37.301000' NOT NULL, updated_at TIMESTAMP
DEFAULT '2021-04-11 11:31:37.324000' NOT NULL)
2021-04-11 11:31:37.392 [main] DEBUG Exposed - CREATE TABLE IF NOT EXISTS thank_reactions
(id SERIAL PRIMARY KEY, slack_user_id VARCHAR(255) NOT NULL, reaction_name VARCHAR(255)
NOT NULL, slack_post_id VARCHAR(255) NOT NULL, created_at TIMESTAMP DEFAULT '2021-04-11
11:31:37.381000' NOT NULL, updated_at TIMESTAMP DEFAULT '2021-04-11 11:31:37.381000' NOT
NULL)
2021-04-11 11:31:37.405 [main] DEBUG Exposed - CREATE TABLE IF NOT EXISTS users (id SERIAL
PRIMARY KEY, slack_user_id VARCHAR(255) NOT NULL, real_name VARCHAR(255) NOT NULL, user_image
VARCHAR(255) NOT NULL, created_at TIMESTAMP DEFAULT '2021-04-11 11:31:37.394000' NOT NULL,
updated_at TIMESTAMP DEFAULT '2021-04-11 11:31:37.394000' NOT NULL)
2021-04-11 11:31:37.547 [main] INFO  Application - Responding at http://0.0.0.0:8080
```

これにてローカル環境のデータベースの設定は完了しましたが、本番環境では後述するHerokuを用いて本番環境を構築します。

Slackアプリの登録

はじめに

Slackアプリを利用するには、Slackの設定画面でアプリの登録が必要です。本番環境と開発環境のアプリを分けることで開発しやすくなるため、それぞれ作成しましょう。

Slack Bot Appの登録

下記URLのSlack APIへ遷移し、「Create New App」ボタンをクリックします。

URL https://api.slack.com/apps

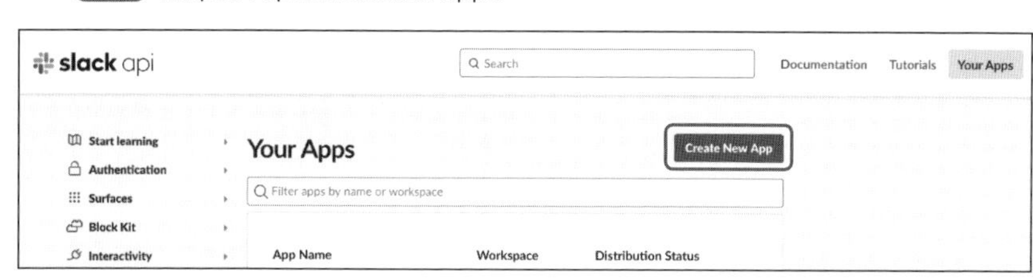

「App Name」と「Development Slack Workspace」を指定した後、「Create App」ボタンをクリックします。

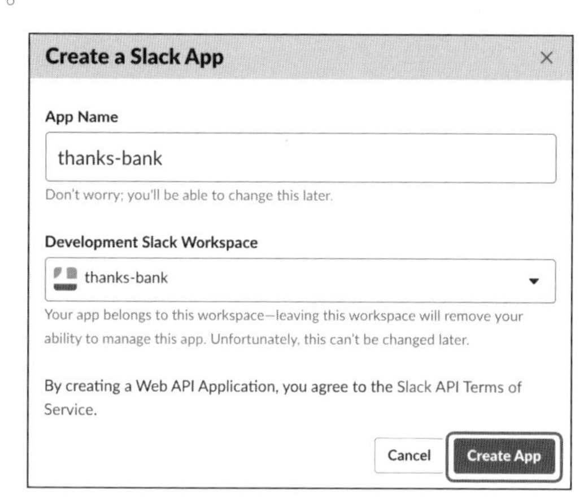

パーミッションの設定

Slackアプリの作成ができたので、次にパーミッションを設定します。「Features」→「OAuth & Permissions」へ遷移します。「Bot Token Scopes」で「chat:write」パーミッションと「users:read」パーミッションを登録します。

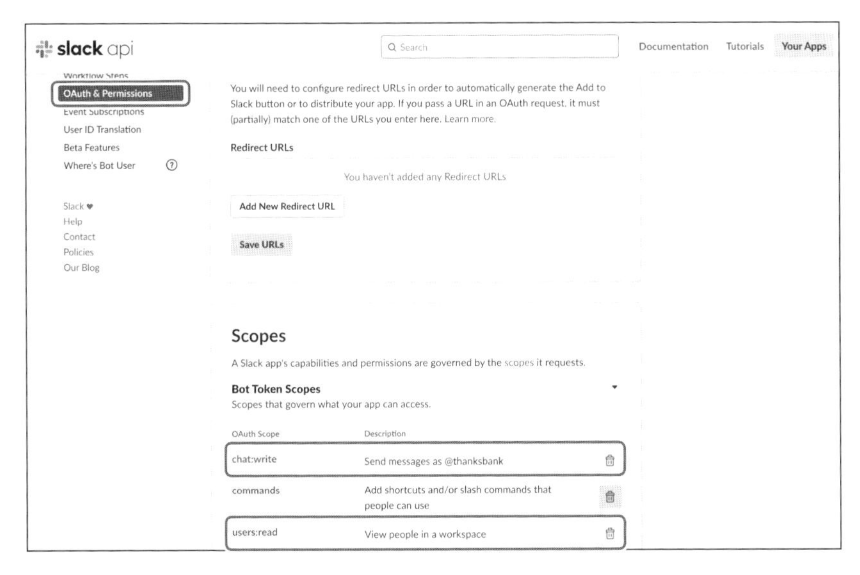

ワークスペースへインストール

パーミッションの設定ができたので、次にワークスペースへアプリをインストールします。「Settings」→「Basic Information」→「Install your app」を選択します。

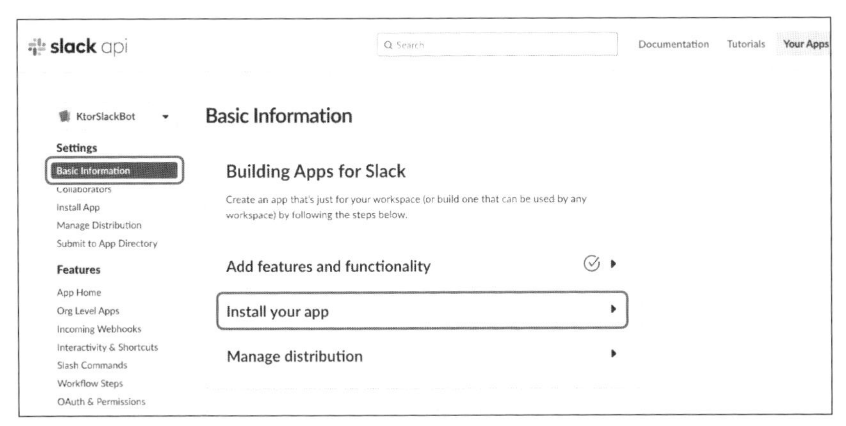

「Install to Workspace」ボタンをクリックします。

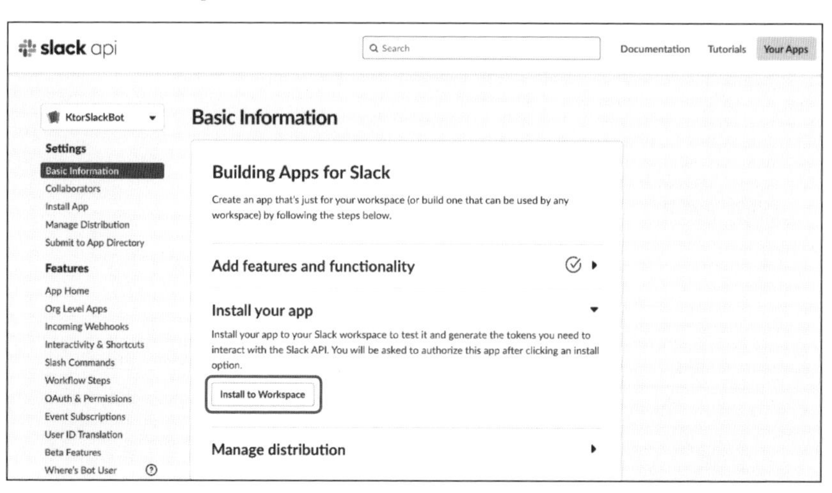

「許可する」ボタンをクリックします。

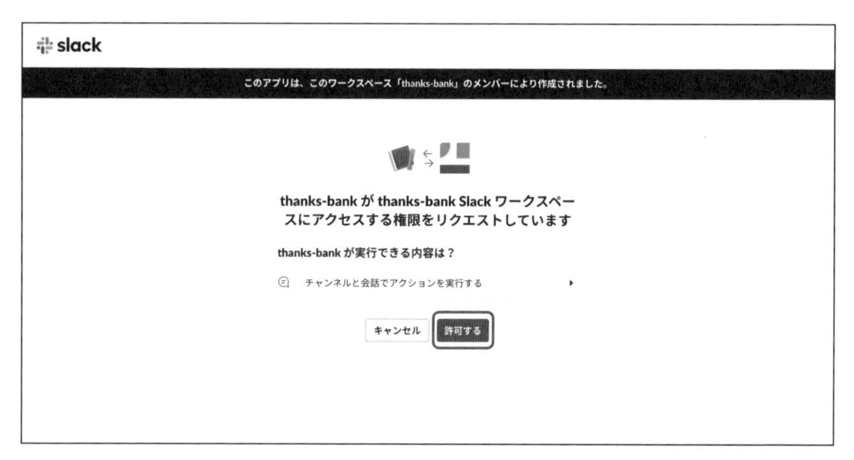

トークンを控えておく

KtorからSlack Botを利用するため、「Bot User OAuth Token」と「Signing Secret」を控えておく必要があります。「Features」→「OAuth & Permissions」を選択して「Bot User OAuth Token」を控えておきます。

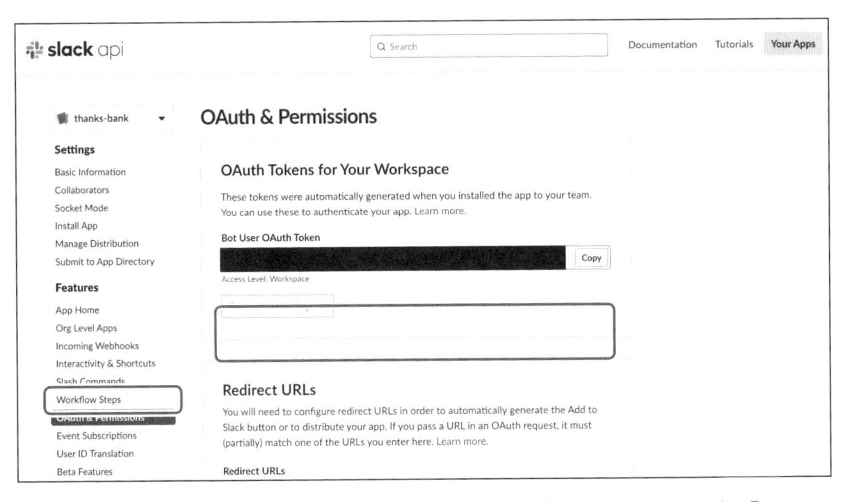

次に「Settings」→「Basic Information」を選択します。「App Credentials」の「Signing Secret」を控えてておきます。

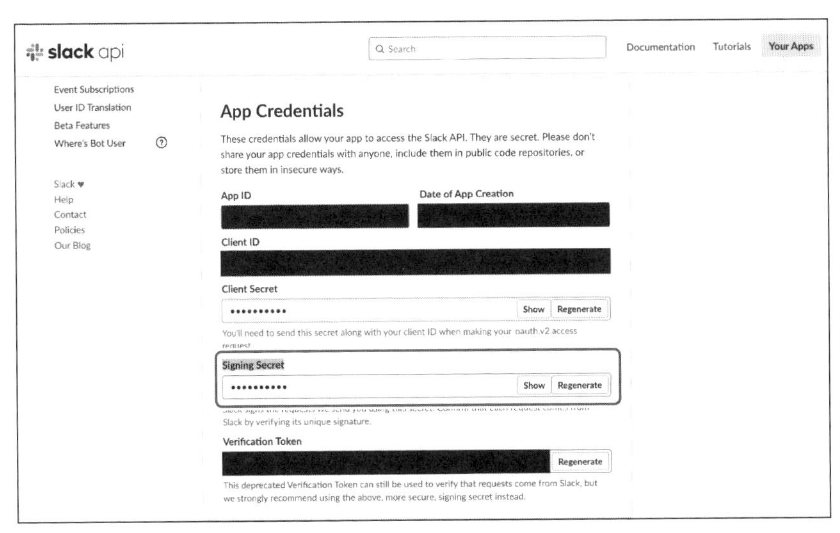

ローカル環境の環境変数にセット

「Edit Configurations」→「Environment variables」にて控えておいた「SLACK_BOT_TOKEN（Bot User OAuth Token）」と「SLACK_SIGNING_SECRET（Signing Secret）」をそれぞれ登録します。

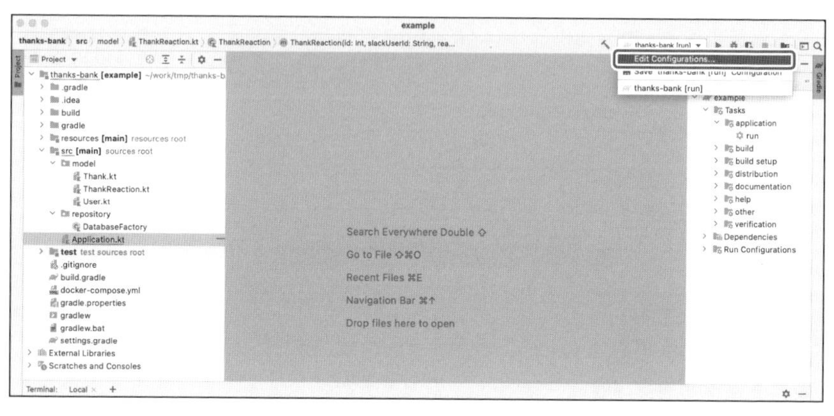

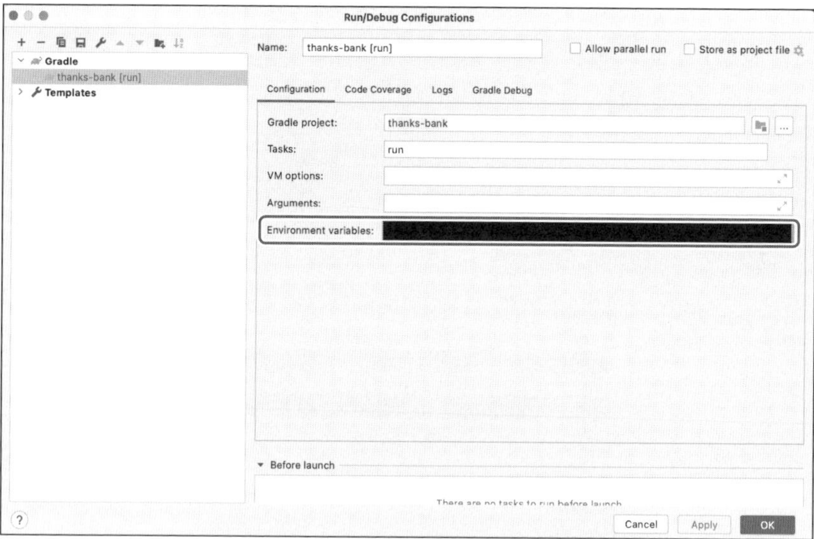

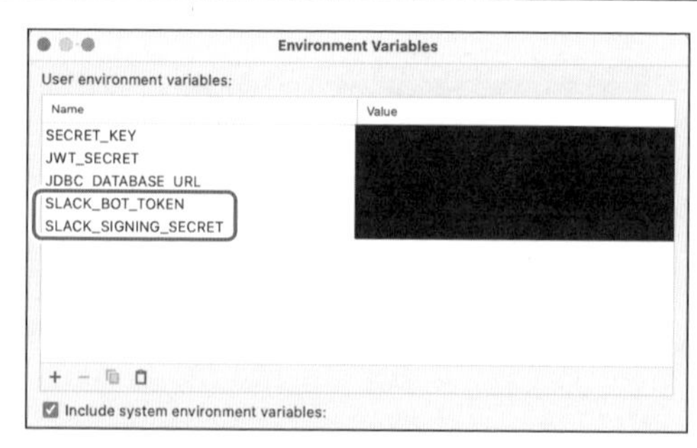

動作確認

ここからはSlack上で `/hello` コマンドを入力すると、「Hello World」が返ってくるSlack Bot Appを作成します。KtorとBoltの依存関係を追加する必要があるため、`build.gradle` にSlack Boltの依存関係を追加します。

SAMPLE CODE gradle.properties

```
...
slack_api_version=1.7.1
...
```

SAMPLE CODE build.gradle

```
dependencies {
    ...
    implementation "com.slack.api:bolt-ktor:$slack_api_version"
    implementation "com.slack.api:slack-api-client:$slack_api_version"
    implementation "com.slack.api:slack-api-model:$slack_api_version"
    implementation "com.slack.api:slack-api-model-kotlin-extension:$slack_api_version"
    implementation "com.slack.api:slack-api-client-kotlin-extension:$slack_api_version"
    implementation "com.slack.api:bolt:$slack_api_version"
    implementation "com.slack.api:bolt-servlet:$slack_api_version"
    implementation "com.slack.api:bolt-jetty:$slack_api_version"
    ...
}
```

次にSlack上で `/hello` を受け付けると、Slack Botが「Hello World」を返す処理を記述します。

SAMPLE CODE Application.kt

```
fun Application.module(testing: Boolean = false) {
    ...
    // SlackAppのインスタンス生成
    val slackAppConfig = AppConfig()
    val slackApp = App(slackAppConfig)
    val requestParser = SlackRequestParser(slackApp.config())

    // /helloコマンドを受け付ける
    slackApp.command("/hello") { req, ctx ->
        ctx.ack("Hello World") }

    routing {
        ...
        // slackイベントを受け付ける
        post("/slack/events") {
            respond(call, slackApp.run(toBoltRequest(call, requestParser)))
        }
        ...
```

```
    }
}
```

ローカル環境でもKtorから起動したBoltアプリにアクセスできるようにするため、ngrokを用いてフォワーディングするURLを取得します。ngrok自体の説明については割愛させていただきます。

URL https://ngrok.com/

Ktorアプリケーションを起動してngrokを用いてフォワーディングしているURLを取得します。Slack API画面に戻り、「Features」→「Slash Commands」で「Create New Command」を選択します。「Command」に「/hello」、「Request URL」に「https://{ドメイン}/slack/events」を指定して「Save」ボタンをクリックします。

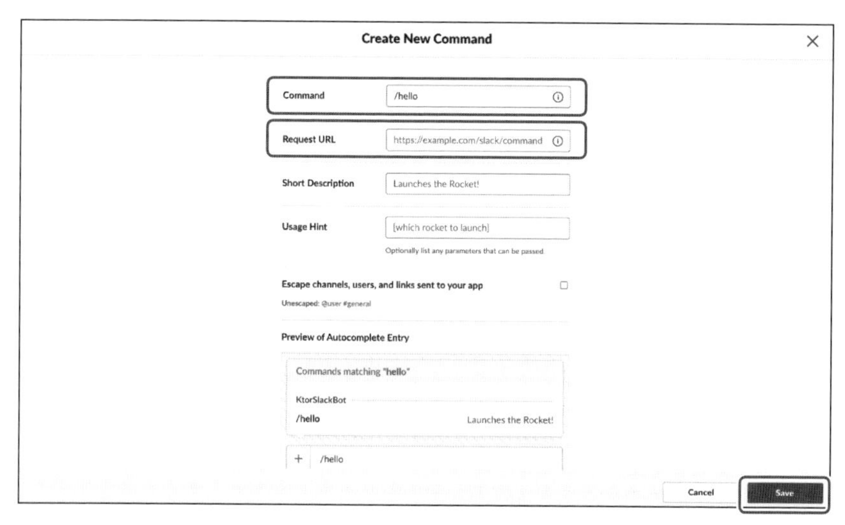

「Settings」→「Install App」に遷移して「Reinstall App」を選択します。その後、「Reinstall to Workspace」を選択します。ワークスペースを指定したSlack上で `/hello` コマンドを実行すると、「Hello World」が表示されます。

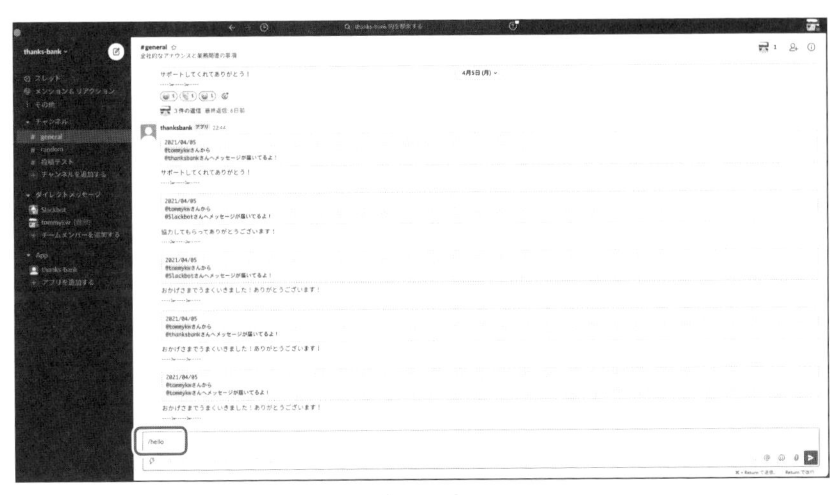

Slack Boltで作るSlack Botアプリ

「/thanks」コマンドの作成

Slack上で `/thanks` コマンドが入力されると、サンクスを入力するモーダルを表示します。まずは `module` パッケージ以下に次の通り `SlackCommandModule.kt` を作成します。Slack BoltはSlackコマンドを受け付けるだけではなく、Slack KitによってポップアップなどのUIをDSLを用いて簡単に構築できます。また、Slack Boltのアクション、コマンドを利用する際には必ず `ack()` を実行する必要があります。注意点は、Slack Boltにリクエストを投げてから3秒以内にレスポンスを返さないとタイムアウトが発生します。

SAMPLE CODE SlackCommandModule.kt

```
fun Application.slackCommand(app: App) { // Applicationの拡張関数として定義
    app.command("/thanks") { _, ctx -> // /thanksを受け付ける
        val res = ctx.client().viewsOpen { // モーダルを表示する
            it.triggerId(ctx.triggerId) // トリガーIDを指定
            it.view( // Viewの作成
                Views.view { thisView -> thisView
                    .callbackId("thanks-message") // コールバックのidを指定
                    .type("modal") // ダイアログはモーダルを利用
                    .notifyOnClose(true) // 閉じるを通知
                    .title(Views.viewTitle { title ->
                        // タイトルの指定
                        title.type("plain_text")
                            .text("あなたのありがと〜〜！を教えて!!")
                            .emoji(true)
                    })
                    .submit(Views.viewSubmit { submit ->
                        // 実行ボタンのテキスト指定
                        submit.type("plain_text")
                            .text("送信")
                            .emoji(true)
                    })
                    .close(Views.viewClose { close ->
                        // 閉じるボタンのテキスト指定
                        close.type("plain_text")
                            .text("キャンセル")
                            .emoji(true)
                    })
                    .blocks {
                        // 相手を指定するための入力項目
                        input {
                            blockId("user-block")
                            label(text = "🔛 誰に届けますか？", emoji = true)
```

```
                element {
                    multiUsersSelect { // 複数選択可能
                        actionId("user-action")
                        placeholder("選択してみよう")
                    }
                }
            }
            // 感謝の思いを伝えるメッセージ
            input {
                blockId("message-block")
                element {
                    plainTextInput {
                        actionId("message-action")
                        multiline(true)
                    }
                }
                label(text = "メッセージをどうぞ", emoji = true)
            }
        }
    }
  )
}

if (res.isOk) {
    ctx.ack()
} else {
    Response.builder().statusCode(500).body(res.error).build()
}
}
}
```

/thanks コマンドを受け付けるクラスを作成したので、Application.module() 内で slackCommand() を呼びます。

SAMPLE CODE Application.kt

```
fun Application.module(testing: Boolean = false) {
    ...
    val slackAppConfig = AppConfig()
    val slackApp = App(slackAppConfig)
    ...
    slackCommand(slackApp)
}
```

/hello コマンドと同様の手順で /thanks コマンドをSlack API設定画面で作成します。

Create New Command

Command /thanks

Request URL https://example.com/slack/command

Short Description Launches the Rocket!

Usage Hint [which rocket to launch]

Optionally list any parameters that can be passed.

Escape channels, users, and links sent to your app

Unescaped: @user #general

Preview of Autocomplete Entry

Commands matching "thanks"

Ktorアプリケーションを実行し、Slackの対象チャンネルから `/thanks` コマンドを実行した場合、次の通りモーダルが表示されます。もし、Slack上でタイムアウトのエラーが発生する場合はDeployパートでも紹介するHeroku環境でお試しください。なお、モーダルからサンクスの送信部分に関しては、次ページから説明します。

#general

全社的なアナウンスと業務関連の事項

thanksbank アプリ 22:44

2021/04/05
@tommykwさんから
@thanksbankさんへメッセージが届いてるよ！
サポートしてくれてありがとう！

2021/04/05
@tommykwさんから
@Slackbotさんへメッセージが届いてるよ！

おかげさまでうまくいきました！ありがとうございます！

今日

あなただけに表示されています
Slackbot 15:24
/thanks はエラー「operation_timeout」により失敗しました

/thanks

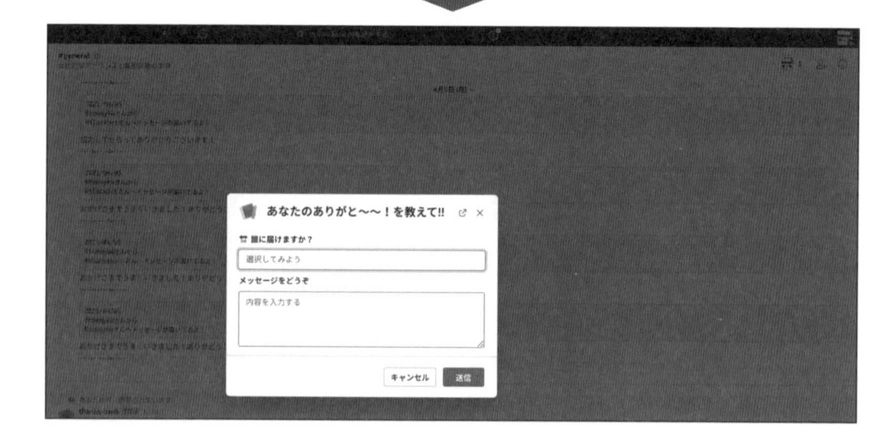

モーダルからの送信結果を受け取る

サンクスのモーダルの入力結果を受け取るために、`module` パッケージ以下に `SlackViewSubmissionModule.kt` を作成し、submissionを定義します。サンクスで定義したコールバックを元に対象のリクエストであることを確認し、サンクスとユーザーをデータベースに保存します。インタラクティブに表現するため、送信が完了すると、自分にのみ送信完了したメッセージを表示します。

SAMPLE CODE SlackViewSubmissionModule.kt

```
fun Application.slackViewSubmission(
    app: App,
    thankRepository: ThankRepository, // リポジトリについて後述します
    userRepository: UserRepository
) {
    // サンクスモーダルで定義したcallbackId (thanks-message)をセットする
    app.viewSubmission("thanks-message") { req, ctx ->
        val stateValues = req.payload.view.state.values
        // メッセージを取得する
        val message = stateValues["message-block"]?.get("message-action")?.value
        // ユーザーを取得する
        val targetUsers = stateValues["user-block"]?.get("user-action")?.selectedUsers

        if (message?.isNotEmpty() == true && targetUsers?.isNotEmpty() == true) {
            val slackUserId = req.payload.user.id

            launch {
                listOf(*targetUsers.toTypedArray()).forEach { targetSlackUserId ->
                    // サンクスを保存する
                    thankRepository.createThank(
                        ThankRequest(
                            slackUserId = slackUserId,
                            targetSlackUserId = targetSlackUserId,
                            body = message,
                        )
                    )
                }

                listOf(*targetUsers.toTypedArray(), slackUserId).distinct().
                    forEach { targetSlackUserId ->
                    if (userRepository.getUser(targetSlackUserId) == null) {
                        val slackUsersInfo = userRepository.getSlackUsersInfo(targetSlackUserId)
                        // ユーザーを保存する
                        userRepository.createUser(
                            UserRequest(
                                slackUserId = targetSlackUserId,
                                realName = slackUsersInfo.user.realName,
                                userImage = slackUsersInfo.user.profile.image512,
```

```
                    )
                )
            }
        }
    }
}

// 自分にのみメッセージが送信されたことを通知する
ctx.client().chatPostEphemeral {
    it.token(ctx.botToken)
    it.user(req.payload.user.id)
    it.channel("#general")
    it.text("メッセージが送信されました")
}

ctx.ack()
    }
}
```


サンクスとユーザーを保存するためにリポジトリを作成します。はじめにサンクスの `ThankRepository.kt` を `repository` パッケージ以下に作成し、加えてサンクス生成に伴うリクエストパラメータのクラスとディスクまたはネットワーク接続用のディスパッチャ関数を定義します。

SAMPLE CODE Thank.kt

```
// サンクス生成するためのリクエストクラス
data class ThankRequest(
    val slackUserId: String,
    val body: String,
    val targetSlackUserId: String,
)
```

SAMPLE CODE DatabaseFactory.kt

```
object DatabaseFactory {
    ...
    // データベースに接続するためのクエリ実行関数
    suspend fun <T> dbQuery(block: () -> T): T {
        return withContext(Dispatchers.IO) {
            transaction { block() }
        }
    }
    ...
}
```

SAMPLE CODE ThankRepository.kt

```
// サンクスに関するリポジトリ
class ThankRepository {
    // サンクスの保存
    suspend fun createThank(thanks: ThankRequest) {
        return dbQuery {
            ThanksTable.insert {
                it[slackUserId] = thanks.slackUserId
                it[body] = thanks.body
                it[targetSlackUserId] = thanks.targetSlackUserId
            }
        }
    }
}
```

次にmodelパッケージ以下にUserRespository.ktを作成します。加えて、ユーザーを保存するためのユーザーリクエストクラスとユーザー情報を取得、保存、Slackユーザーの取得関数を定義します。

SAMPLE CODE User.kt

```
// ユーザーを保存するためのリクエストクラス
data class UserRequest(
    val slackUserId: String,
    val realName: String,
    val userImage: String,
)
```

SAMPLE CODE UserRepository.kt

```
class UserRepository {
    // ユーザーを保存する
    suspend fun createUser(request: UserRequest) {
        return dbQuery {
            UsersTable.insert {
                it[slackUserId] = request.slackUserId
                it[realName] = request.realName
                it[userImage] = request.userImage
            }
        }
    }

    // ユーザーを取得する
    suspend fun getUser(slackUserId: String): User? {
        return dbQuery {
            UsersTable.select {
                UsersTable.slackUserId eq slackUserId
            }.map { UsersTable.toUser(it) }.singleOrNull()
```

```
        }
    }

    // Slackユーザー情報を取得する
    suspend fun getSlackUsersInfo(slackUserId: String): UsersInfoResponse {
        val slack = Slack.getInstance()
        // Slack APIクライアントのインスタンス
        val apiClient = slack.methods(System.getenv("SLACK_BOT_TOKEN"))

        val request = UsersInfoRequest
            .builder()
            .token(System.getenv("SLACK_BOT_TOKEN"))
            .user(slackUserId)
            .build()

        return dbQuery {
            apiClient.usersInfo(request)
        }
    }
}
```


`slackCommand()`と同様に`Application.module()`で`slackViewSubmission()`を呼び出します。

SAMPLE CODE Application.kt

```
fun Application.module(testing: Boolean = false) {
    ...
    DatabaseFactory.init()

    val thankRepository = ThankRepository()
    val userRepository = UserRepository()

    val slackAppConfig = AppConfig()
    val slackApp = App(slackAppConfig)

    slackCommand(slackApp)
    slackViewSubmission(slackApp, thankRepository, userRepository)
    ...
}
```

モーダルからサンクス情報を送るためには、Slack API設定が必要です。Slack API設定画面から「Interactivity & Shortcuts」選択し、「Interactivity」をONにします。

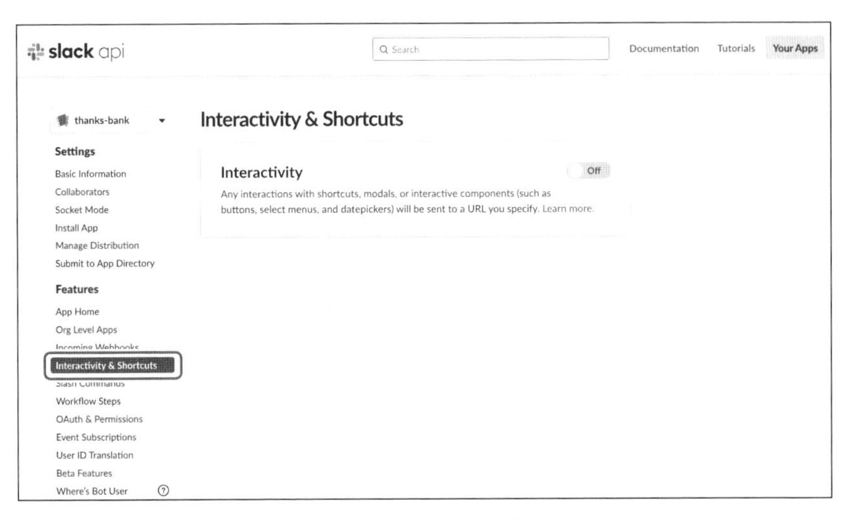

「Request URL」は`https://{ドメイン}/slack/events`を設定し、「Save Changes」ボタンで保存します。なお、「Request URL」は、`/hello`コマンドを保存したRequest URLと同一です。

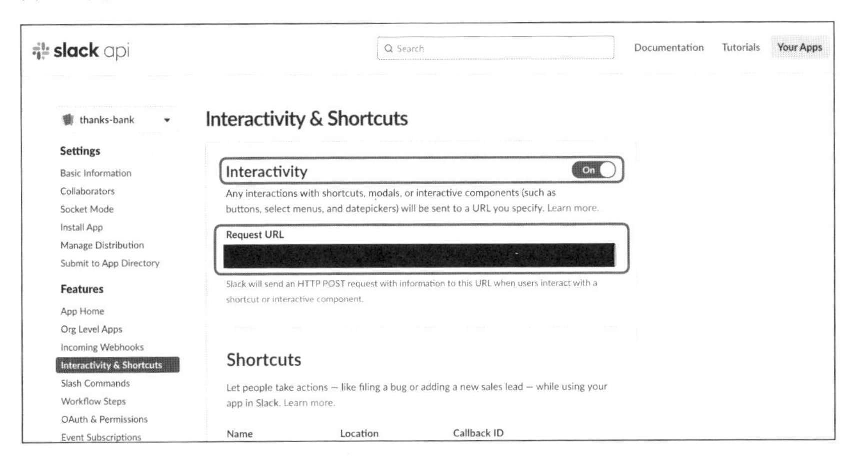

対象のSlackチャンネルから`/thanks`コマンドを入力します。その後、モーダルが表示されるのでメッセージとサンクスを送りたいユーザーを選択し、送信ボタンをクリックするとデータベースに内容が保存されます。

リアクションを保存、削除する

サンクスに対してリアクションを付けると、データベースに保存する必要があるため、`ReactionAddedEvent` イベントを使ってハンドリングします。Slackのリアクションはリアクションを追加するだけなく、削除もでき、`ReactionRemovedEvent` イベントでハンドリングできます。`SlackReactionEventModule.kt` を作成し、`ThanksRepository` に下記を追加します。

SAMPLE CODE ThankRepository.kt

```
class ThankRepository {
    // リアクションの保存
    suspend fun createReaction(event: ReactionAddedEvent) {
        return dbQuery {
            ThankReactionsTable.insert {
                it[slackUserId] = event.user
                it[slackPostId] = event.item.ts
                it[reactionName] = event.reaction
            }
        }
    }

    // リアクションの削除
    suspend fun removeReaction(event: ReactionRemovedEvent): Boolean {
        return dbQuery {
            ThankReactionsTable.deleteWhere {
                ThankReactionsTable.slackUserId eq event.user and
                        (ThankReactionsTable.reactionName eq event.reaction) and
                        (ThankReactionsTable.slackPostId eq event.item.ts)
            } > 0
        }
    }
}
```

SAMPLE CODE SlackReactionEventModule.kt

```
fun Application.slackReactionEvent(
    app: App,
    thankRepository: ThankRepository
) {
    // リアクションが付いたイベント
    app.event(ReactionAddedEvent::class.java) { payload, ctx ->
        val event = payload.event

        // 公開チャンネルに対してリアクションがついたか
        if (event.item.channel == System.getenv("SLACK_THANKS_CHANNEL")) {
            launch {
                // リアクションを保存する
                thankRepository.createReaction(event)
```

```
            }
        }

        ctx.ack()
    }

    // リアクションが削除されたイベント
    app.event(ReactionRemovedEvent::class.java) { payload, ctx ->
        val event = payload.event

        // 公開チャンネルに対してリアクションがついたか
        if (event.item.channel == System.getenv("SLACK_THANKS_CHANNEL")) {
            launch {
                // リアクションを削除する
                thankRepository.removeReaction(event)
            }
        }

        ctx.ack()
    }
}
```

公開チャンネルは環境変数(`SLACK_THANKS_CHANNEL`)で管理し、対象のチャンネルから右クリックで「リンクをコピー」を選択します。 **`https://${ドメイン}.slack.com/archives/${チャンネルID}`** というリンクに対して、チャンネルIDが含まれています。

次の通り、SLACK_THANKS_CHANNEL を設定します。

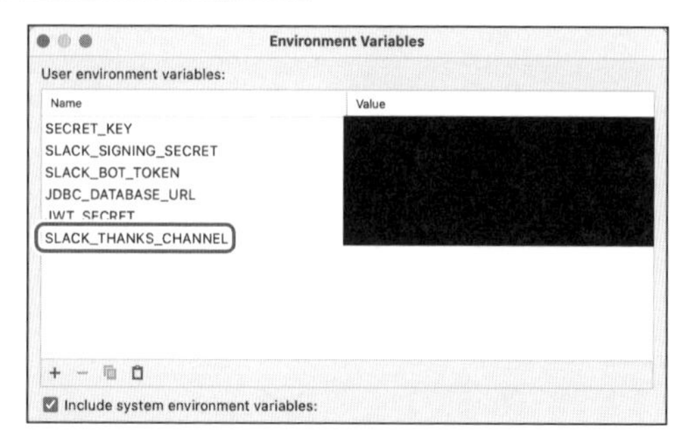

Application.module() で slackReactionEvent() を設定します。

SAMPLE CODE Application.kt

```
fun Application.module(testing: Boolean = false) {
    ...
    DatabaseFactory.init()

    val thankRepository = ThankRepository()
    val userRepository = UserRepository()

    val slackAppConfig = AppConfig()
    val slackApp = App(slackAppConfig)

    slackCommand(slackApp)
    slackViewSubmission(slackApp, thankRepository, userRepository)
    slackReactionEvent(slackApp, thankRepository)
    ...
}
```

公開チャンネルからリアクションを追加、削除するとデータベースにリアクションが追加、削除できます。

お返事を保存する

サンクスのスレッドのメッセージを保存できるようにするため、SlackMessageEventModule を作成し、次の通り実装します。スレッドのメッセージは MessageEvent でハンドリングでき、公開チャンネルであればお返事を保存します。

SAMPLE CODE ThankRepository.kt

```
class ThankRepository {
    ...

    // お返事の保存
    suspend fun createThankReply(event: MessageEvent) {
        return dbQuery {
```

```
            ThanksTable.insert {
                it[slackUserId] = event.user
                it[body] = event.text
                it[slackPostId] = event.ts
                it[parentSlackPostId] = event.threadTs
            }
        }
    }
    ...
}
```

SAMPLE CODE ThankRepository.kt

```
fun Application.slackMessageEvent(
    app: App,
    thankRepository: ThankRepository,
    userRepository: UserRepository
) {
    app.event(MessageEvent::class.java) { payload, ctx ->
        val event = payload.event

        // 公開チャンネルであること
        if (event.channel == System.getenv("SLACK_THANKS_CHANNEL")) {
            launch {
                // お返事の保存
                thankRepository.createThankReply(event)

                if (userRepository.getUser(event.user) == null) {
                    val slackUsersInfo = userRepository.getSlackUsersInfo(event.user)

                    // ユーザーの保存
                    userRepository.createUser(
                        UserRequest(
                            slackUserId = event.user,
                            realName = slackUsersInfo.user.realName,
                            userImage = slackUsersInfo.user.profile.image512
                        )
                    )
                }
            }
        }

        ctx.ack()
    }
}
```

`Applicaiton.module()` 内で、`slackMessageEvent()` を呼び出します。

SAMPLE CODE Application.kt

```
fun Application.module(testing: Boolean = false) {
    ...
    DatabaseFactory.init()

    val thankRepository = ThankRepository()
    val userRepository = UserRepository()

    val slackAppConfig = AppConfig()
    val slackApp = App(slackAppConfig)

    slackCommand(slackApp)
    slackViewSubmission(slackApp, thankRepository, userRepository)
    slackReactionEvent(slackApp, thankRepository)
    slackMessageEvent(slackApp, thankRepository, userRepository)
    ...
}
```

公開チャンネルのサンクスに対してスレッドからメッセージを送ると、メッセージを保存できます。

リアクションとお返事のSlackイベント有効化

リアクションの保存と削除およびお返事の実装はできたのですが、Slack上でイベントを有効にする必要があります。Slack API管理画面で「Features」→「Event Subscriptions」をクリックします。

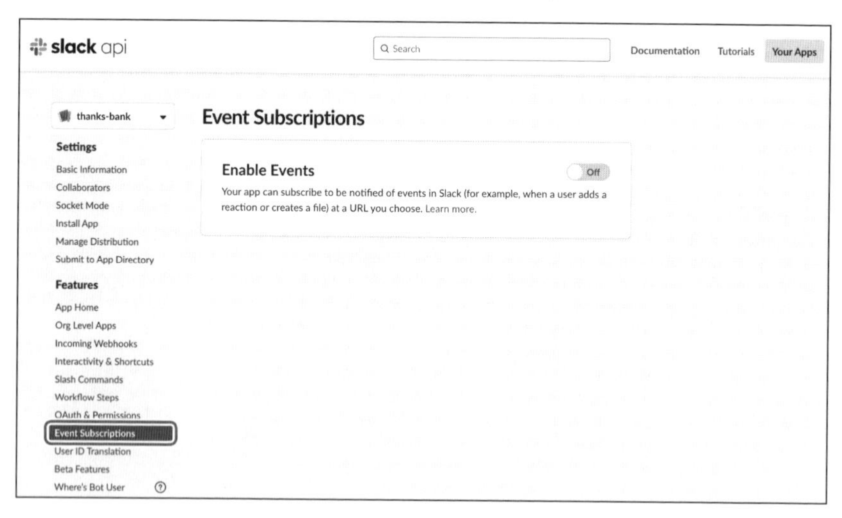

「Event Subscriptions」の「Enable Events」をONに変更します。そして、Request URLを設定します。Request URLは `https://{ドメイン}/slack/events` の形式で、`/hello` コマンドを設定した際のRequest URLと同一です。

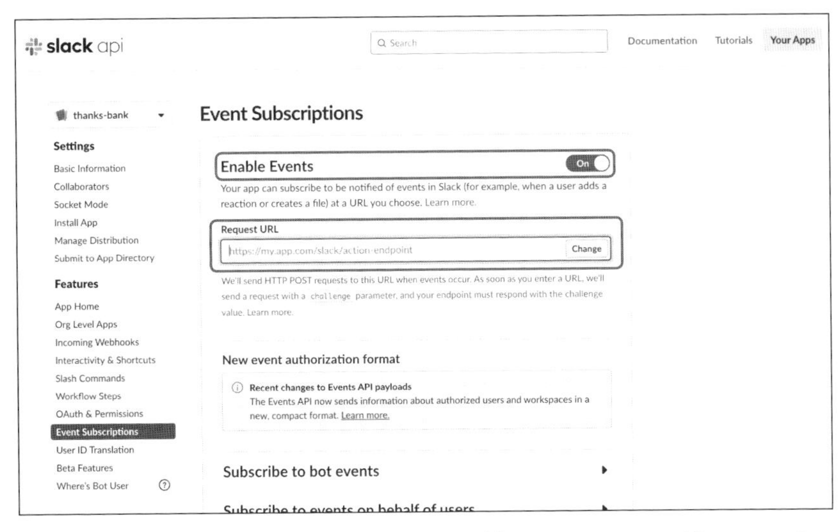

「Subscribe to bot events」に、「reaction_added」「reaction_removed」「message.channels」のイベントを登録し、「Save Changes」ボタンをクリックします。

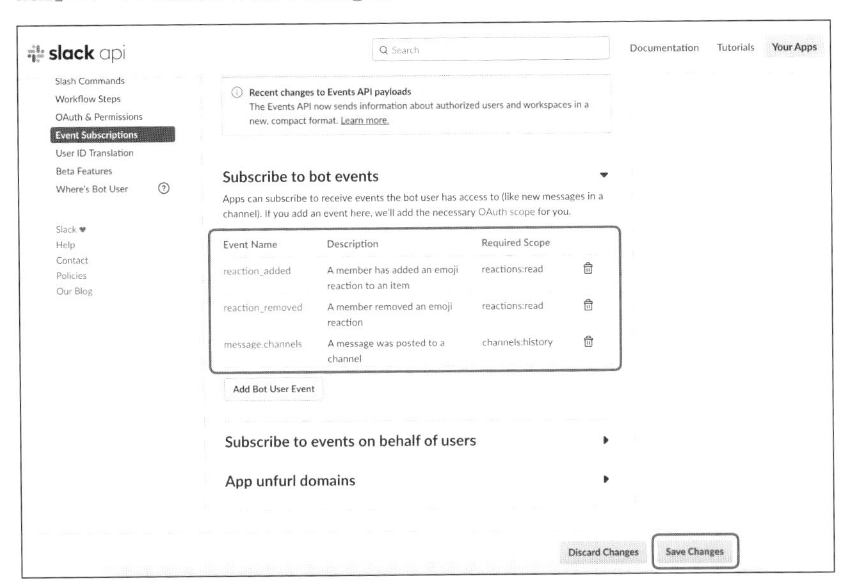

「reinstall your app」をクリックします。

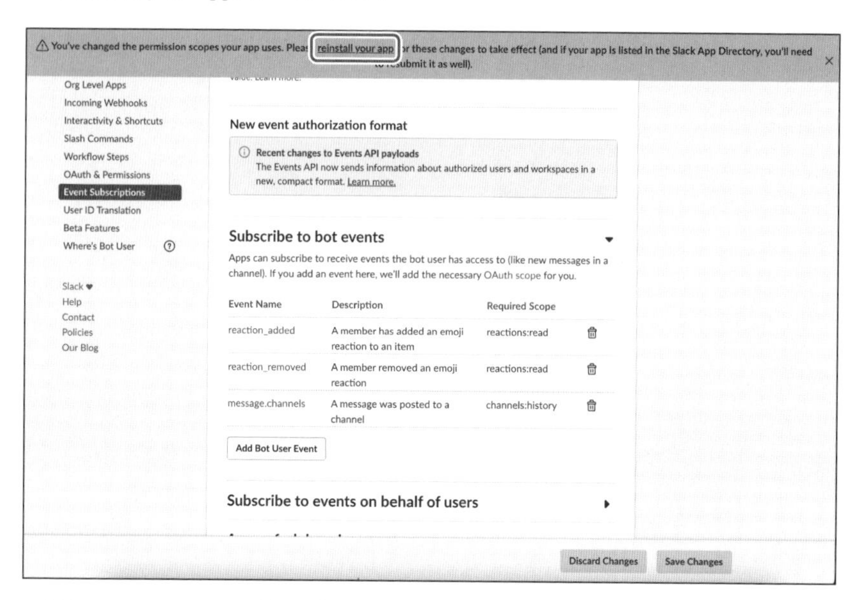

対象のワークスペースに対して権限を追加するため、「許可する」ボタンをクリックします。

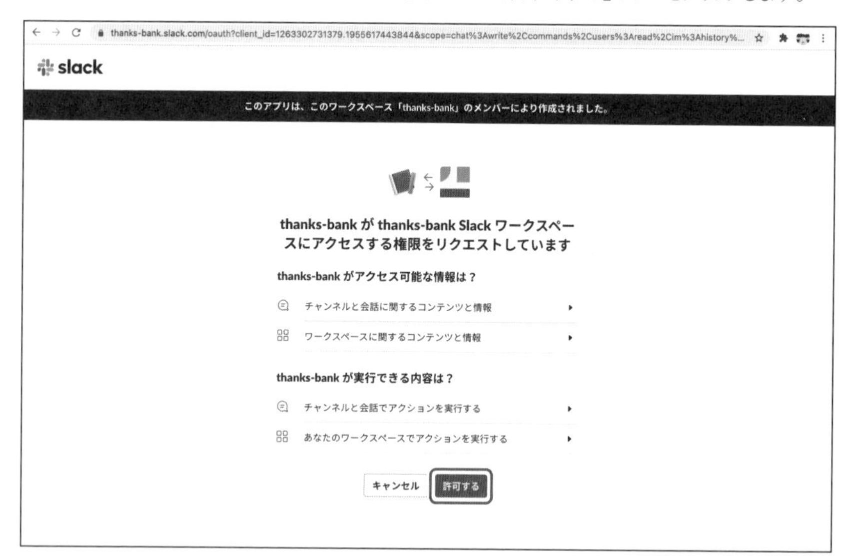

SECTION-042

サンクス一覧画面の開発

画面概要

サンクス一覧画面では、すべてのサンクスをリスト形式でアプリケーション上から閲覧できます。このサンクスでは、誰が誰に対してサンクスを送ったのかわかります。

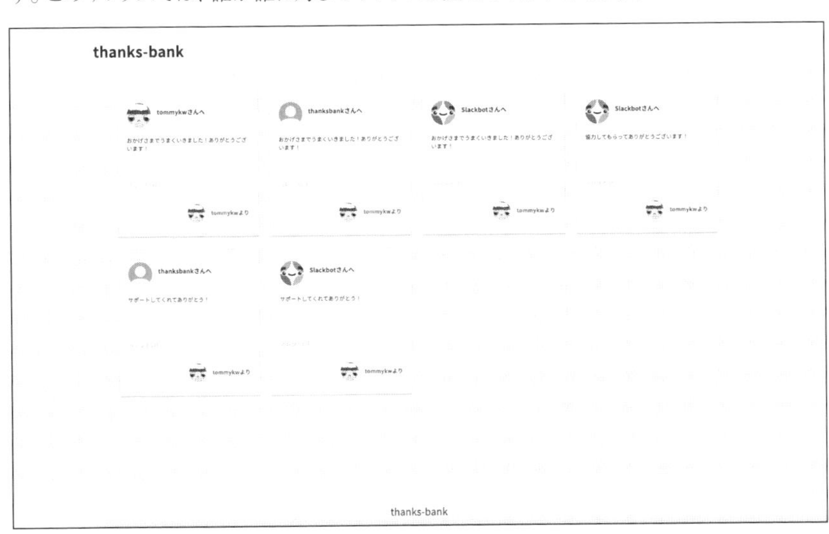

ルーティング設定

リクエストのURLに対して、パラメータを型安全に利用するためのKtorコア機能にLocationがあります。Locationを利用するためには、`Application.module()` 内で機能をインストールする必要があるので下記の通り追加します。

SAMPLE CODE Application.kt

```
fun Application.module(testing: Boolean = false) {
    ...
    install(Locations) // Locations をインストール
    ...
}
```

次にLocationを用いて、`/thanks` のURLを設定するので、`route` パッケージ以下に `ThanksRoute.kt` を作成し、下記を追加します。`/thanks` 内では、`ThankRepository` からサンクス一覧を取得し、サンクス一覧を表示形式に整形し、FreeMarkerを使ってHTMLを生成します。なお、`ThankRepository` とテンプレートの実装については後述します。

SAMPLE CODE ThanksRoute.kt

```
@Location("/thanks")
class ThanksRoute // Locationを使ってサンクス一覧のURLを設定する

fun Route.thanksRouting(thankRepository: ThankRepository) {
    get<ThanksRoute> {
        val thanks = thankRepository.getThanks() // サンクス一覧の取得

        call.respond( // FreeMarkerを使ってHTMLを生成する
            FreeMarkerContent(
                "thanks.ftl", // ファイル名
                mapOf( // アサインしたい変数の指定
                    "thanks" to thanks
                )
            )
        )
    }
}
```

`Application.module()` のrouting内で `thanksRouting()` を呼び出します。

SAMPLE CODE Application.kt

```
fun Application.module(testing: Boolean = false) {
    ...
    routing {
        ...
        thanksRouting(thankRepository)
        ...
    }
    ...
}
```

リポジトリからサンクス一覧の取得

サンクス一覧の取得は次の通り実装します。

SAMPLE CODE ThankRepository.kt

```
class ThankRepository {
    ...
    // サンクス一覧の取得
    suspend fun getThanks(): List<Thank> {
        return dbQuery {
            ThanksTable.select {
                ThanksTable.parentSlackPostId.isNull()
            }.orderBy(ThanksTable.id, SortOrder.DESC).map { toThank(it) }
        }
    }
    ...
}
```

テンプレートの設定

テンプレートエンジンはFreeMakerを使用します。FreeMakerを利用することで動的にHTMLを生成できます。Ktorは他にもテンプレートエンジンを提供しているので、お好みに応じてお試しください。FreeMakerを利用するには、次のようにインストールする必要があります。

SAMPLE CODE Application.kt

```
fun Application.module(testing: Boolean = false) {
    ...
    install(FreeMarker) {
        templateLoader = ClassTemplateLoader(this::class.java.classLoader, "templates")
    }
    ...
}
```

今回は、`resources/templates/thanks.ftl`を作成し、下記の通り、カード形式のリストを作成します。

SAMPLE CODE thanks.ftl

```
<#global page_title = "サンクス一覧" />
<#import "common/container.ftl" as container>

<@container.page>
    <div class="thanks">
        <#if thanks?? && (thanks?size > 0)>
            <#list thanks as thank>
                <a href="/thanks/${thank.id}">
                    <div class="thanks-card">

                        <div class="thanks-card-to-user">
                            <img src="${thank.targetUserImage}" alt="" width="40" height="40"/>
                            <p>${thank.targetRealName}さんへ</p>
                        </div>

                        <div class="thanks-card-content">
                            <p>${thank.body}</p>
                        </div>

                        <div class="thanks-card-reaction">
                            <p>スレッド${thank.threadCount}件</p>
                        </div>

                        <div class="thanks-card-from-user">
                            <img src="${thank.userImage}" alt="" width="30" height="30"/>
                            <p>${thank.realName}より</p>
                        </div>
                    </div>
                </a>
```

```
            </#list>
        </#if>
    </div>
</@container.page>
```


共通化できるヘッダーやフッターなどは、`resources/templates/common/` 以下にまとめています。

SAMPLE CODE container.ftl

```
<#macro page>
    <!doctype html>
    <html lang="jp">
        <head>
            <title>${page_title}</title>
            <meta name="viewport" content="width=device-width, initial-scale=1">
            <link
              href="https://fonts.googleapis.com/css?family=Noto+Sans+JP:400,700&subset=japanese"
              rel="stylesheet">
            <link rel="stylesheet"
              href="https://cdnjs.cloudflare.com/ajax/libs/normalize/8.0.1/normalize.css">
            <link href="/static/style.css" rel="stylesheet">
        </head>
        <body>
            <#include "navbar.ftl">
            <main class="main">
                <div class="container">
                    <#nested>
                </div>
            </main>
            <#include "footer.ftl">
        </body>
    </html>
</#macro>
```

SAMPLE CODE footer.ftl

```
<footer>
  <p class="copyright">thanks-bank</p>
</footer>
```

SAMPLE CODE navbar.ftl

```
<nav class="top-nav">
  <div class="top-nav-content">
    <div class="top-nav-title">
      <a href="/thanks">thanks-bank</a>
    </div>
  </div>
</nav>
```

SAMPLE CODE thanks.ftl

```
<#global page_title = "サンクス一覧" />
<#import "common/container.ftl" as container>

<@container.page>
    <div class="thanks">
        <#if thanks?? && (thanks?size > 0)>
            <#list thanks as thank>
                <a href="/thanks/${thank.id}">
                    <div class="thanks-card">

                        <div class="thanks-card-to-user">
                            <img src="${thank.targetUserImage}" alt="" width="40" height="40"/>
                            <p>${thank.targetRealName}さんへ</p>
                        </div>

                        <div class="thanks-card-content">
                            <p>${thank.body}</p>
                        </div>

                        <div class="thanks-card-reaction">
                            <p>スレッド${thank.threadCount}件</p>
                        </div>

                        <div class="thanks-card-from-user">
                            <img src="${thank.userImage}" alt="" width="30" height="30"/>
                            <p>${thank.realName}より</p>
                        </div>
                    </div>
                </a>
            </#list>
        </#if>
    </div>
</@container.page>
```

画像やCSSなどの静的コンテンツは次の通り設定できます。なお、CSSの内容については割愛させていただきます。

SAMPLE CODE Application.kt

```
fun Application.module(testing: Boolean = false) {
    ...
    routing {
        ...
        static("/static") { // 静的ファイルの定義
            resources("css")
        }
        ...
}
```

画面表示するためのすべての開発ができましたので、「http://0.0.0.0:8080/thanks」にアクセスすると、サンクス一覧画面が表示されます。

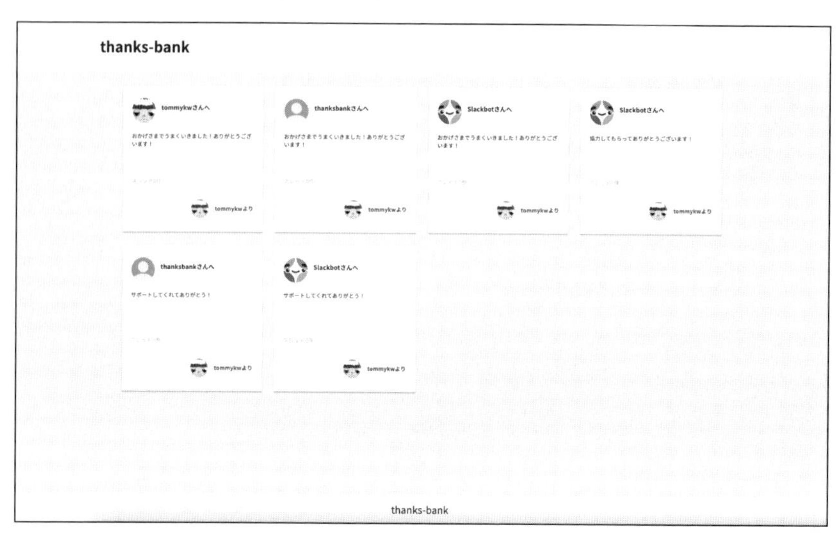

SECTION-043

サンクス詳細画面の開発

画面概要

サンクス一覧画面を作成しましたが、サンクス一覧画面では詳細なメッセージ、お返事、リアクションまでは閲覧できないため、詳細がわかるサンクス詳細画面を作成します。サンクス一覧画面から任意のサンクスをクリックするとサンクス詳細画面が表示されます。

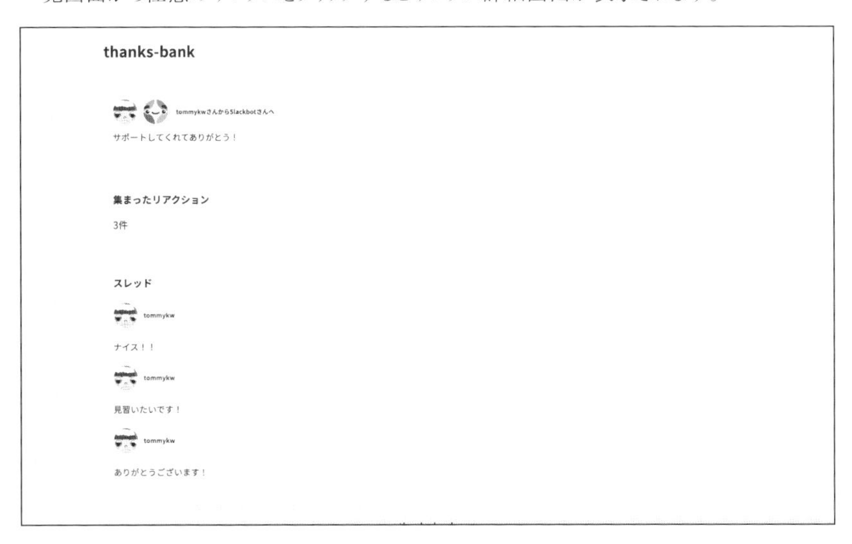

ルーティング設定

`route` パッケージ以下に `ThanksDetailRoute` クラスを作成します。任意のサンクス詳細を閲覧したいため、サンクスIDをURLパラメータとして渡す必要があります。Locationはパラメータを型安全に利用でき、`/thanks/{thankId}` と定義し、`ThanksDetailRoute` クラスの引数に `thankId` を定義します。 `get<ThanksDetailRoute>()` のラムダ引数は、 `ThanksDetailRoute` オブジェクトになるので、そのオブジェクトから `thankId` にアクセスできます。

SAMPLE CODE ThanksDetailRoute.kt

```
@Location("/thanks/{thankId}")
class ThanksDetailRoute(val thankId: Int) // Locationを使ってサンクス詳細のURLを設定する

fun Route.thanksDetailRouting(thankRepository: ThankRepository) {
    get<ThanksDetailRoute> { listing -> // HTTPメソッドGETで型パラメータを型安全に取得する
        val thank = thankRepository.getThank(listing.thankId) // サンクスの取得
        val reactions: List<ThankReaction>
        val threads: List<Thank>
```

```
        // リアクションとスレッドの内容を取得
        if (thank.slackPostId == null) {
            reactions = emptyList()
            threads = emptyList()
        } else {
            reactions = thankRepository.getReactions(thank.slackPostId)
            threads = thankRepository.getThreads(thank.slackPostId)
        }

        // FreeMakerを使ってコンテンツを生成する
        call.respond(
            FreeMarkerContent(
                "thanks_detail.ftl",
                mapOf(
                    "thank" to thank,
                    "reactions" to reactions,
                    "threads" to threads,
                )
            )
        )
    }
}
```


`Application.module()` の `routng` 内で `thanksDetailRouting()` を呼び出します。

SAMPLE CODE Application.kt

```
fun Application.module(testing: Boolean = false) {
    …
    routing {
        …
        thanksRouting(thankRepository)
        thanksDetailRouting(thankRepository)
        …
    }
}
```

Ⅲ リポジトリからサンクス、リアクション、スレッドを取得する

Exposedで定義した `ThanksTable` を使って、サンクスとスレッドを取得する `getThank()`、`getThreads()` を `ThankRepository` に追加します。さらに `ThankReactionsTable` を使って、リアクション一覧を取得する `getReactions()` を追加します。

SAMPLE CODE ThankRepository.kt

```
class ThankRepository {
    // サンクスの取得
    suspend fun getThank(id: Int): Thank {
        return dbQuery {
            ThanksTable.select {
                ThanksTable.id eq id
            }.map { toThank(it) }.single()
        }
    }

    // リアクション一覧の取得
    suspend fun getReactions(slackPostId: String): List<ThankReaction> {
        return dbQuery {
            ThankReactionsTable.select {
                ThankReactionsTable.slackPostId eq slackPostId
            }.map { toThankReaction(it) }
        }
    }

    // スレッド一覧の取得
    suspend fun getThreads(slackPostId: String): List<Thank> {
        return dbQuery {
            ThanksTable.select {
                ThanksTable.parentSlackPostId eq slackPostId
            }.map { toThank(it) }
        }
    }
}
```

テンプレートの設定

`resources/templates/thanks_detail.ftl`を作成し、下記の通りHTMLを構成します。

SAMPLE CODE thanks_detail.ftl

```
<#global page_title = "サンクス詳細" />
<#import "common/container.ftl" as container>

<@container.page>
    <div class="thanks-detail-message">
        <div class="thanks-detail-message-user">
            <img class="thanks-detail-message-user-from" src="${thank.userImage}"
                width="40" height="40"/>
            <img class="thanks-detail-message-user-to" src="${thank.targetUserImage}"
                width="40" height="40"/>
            <p>${thank.realName}さんから${thank.targetRealName}さんへ</p>
```

```
        </div>
        <div class="thanks-detail-message-body">${thank.body}</div>
    </div>

    <#if reactions?? && (reactions?size > 0)>
        <div class="thanks-detail-reaction">
            <h2>集まったリアクション</h2>
            <p>${reactions?size}件</p>
        </div>
    </#if>

    <#if threads?? && (threads?size > 0)>
        <div class="thanks-detail-thread">
            <h2>スレッド</h2>
            <#list threads as thread>
                <div class="thanks-detail-thread-user">
                    <img src="${thread.userImage}" width="40" height="40"/>
                    <p>${thread.realName}</p>
                </div>
                <div class="thanks-detail-thread-message">${thread.body}</div>
            </#list>
        </div>
    </#if>
</@container.page>
```

サンクス一覧にアクセスし、任意のサンクスをクリックすると、サンクス詳細が表示されます。

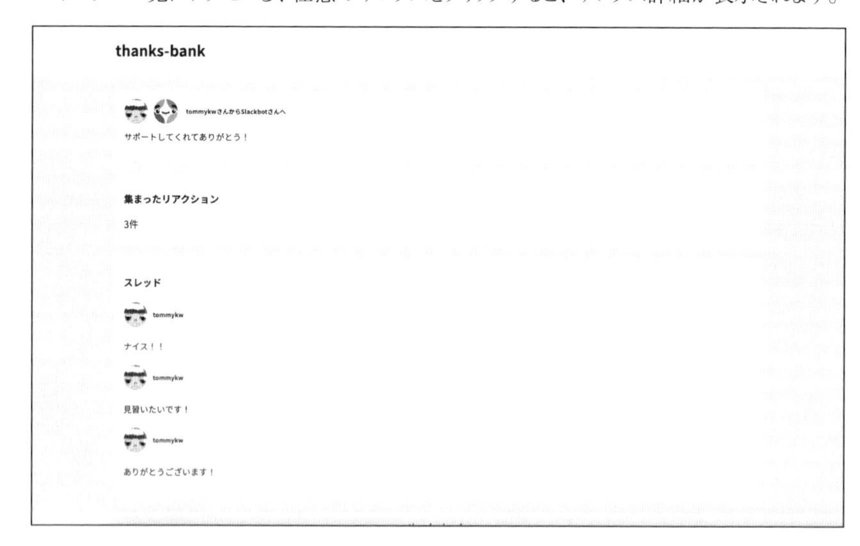

SECTION-044

「投稿する」の定期実行

概要

次のようにサンクスを定期的にまとめて公開チャンネルに投稿します。

Ktorにはスケジューラーの機能がないため、簡易的なスケジューラーを作成することでまとめて定期的に投稿するを実装します。

「投稿する」の実装

はじめに `util` パッケージ以下に `TaskScheduler` を作成します。

SAMPLE CODE TaskScheduler

```
// タスクスケジューラー
class TaskScheduler(private val task: Runnable) {
    private val executor = Executors.newScheduledThreadPool(1)

    // 定期実行の開始
    fun start(every: Every) {
        val task = Runnable {
            task.run()
        }

        executor.scheduleWithFixedDelay(task, every.next, every.next, every.unit)
    }
```

▼

```
    fun stop() {
        executor.shutdown()

        try {
            executor.awaitTermination(1, TimeUnit.HOURS)
        } catch (e: InterruptedException) {
        }
    }
}

// 定期実行の時間に関するクラス
data class Every(val next: Long, val unit: TimeUnit)
```


次に公開チャンネルに公開していないサンクス一覧を取得して投稿する機能を実装します。 `module` パッケージ以下に `SlackChatPostMessageModule` を作成し、投稿するサンクスと `slackPostId` を更新する処理をリポジトリに追加します。

SAMPLE CODE ThankRepository.kt

```
class ThankRepository {

    // 投稿するためのサンクスを取得する
    suspend fun getPostThanks(): List<Thank> {
        return dbQuery {
            ThanksTable.select {
                ThanksTable.slackPostId.isNull()
            }.map { toThank(it) }
        }
    }

    // slackPostIdを更新する
    suspend fun updateSlackPostId(ts: String, thank: Thank) {
        return dbQuery {
            ThanksTable.update({
                ThanksTable.id eq thank.id
            }) {
                it[slackPostId] = ts
            }
        }
    }
}
```

SAMPLE CODE SlackChatPostMessageModule.kt

```
// 表示用の日付フォーマット
private val dateFormat = SimpleDateFormat("yyyy/MM/dd")

fun Application.sendPostThanksMessages(thankRepository: ThankRepository) {
```

```
launch {
    val slack = Slack.getInstance()
    // Slack APIクライアント
    val apiClient = slack.methods(System.getenv("SLACK_BOT_TOKEN"))
    // 投稿するためのサンクス一覧
    val thanks = thankRepository.getPostThanks()

    if (thanks.isEmpty()) {
        return@launch
    }

    val request = ChatPostMessageRequest.builder()
        .channel("#general")
        .text("全部で${thanks.size}件のメッセージが届いているよ:tada::tada:\n
              リアクションやお返しをしてみよう！")
        .build()

    // メッセージをSlackに送信する
    apiClient.chatPostMessage(request)

    thanks.forEach { thank ->
        val message = """
```
${dateFormat.format(thank.createdAt.toDate())}
<@${thank.slackUserId}>さんから
<@${thank.targetSlackUserId}>さんへメッセージが届いてるよ！
```
${thank.body}
----✂----✂----
""".trimIndent()

        request.text = message

        // 投稿する内容を送信する
        val response = apiClient.chatPostMessage(request)

        if (response.isOk) {
            // 投稿できたらSlackPostIdを更新する
            thankRepository.updateSlackPostId(response.ts, thank)
        }
    }
}
}
```

`Application.module()` 内に投稿するのタスクスケジューラを追加します。

SAMPLE CODE Application.kt

```
fun Application.module(testing: Boolean = false) {
    ...

    // 5分ごとに投稿する
    TaskScheduler {
        sendPostThanksMessages(thankRepository)
    }.start(
        Every(5, TimeUnit.MINUTES)
    )

    ...
}
```

しかし、上記のままでは投稿する際に `not_in_channel` というAPIエラーが返ってきます。Slack上に直接メッセージを送るには、ワークスペースにアプリを追加する必要があります。次のように設定します。

❶ Slackの対象チャンネルからチャンネルの詳細(iマーク)をクリックする。

❷「その他」→「アプリを追加する」をクリックする。

❸ 今回作成したアプリの「追加」ボタンをクリックする。

#general
全社的なアナウンスと業務関連の事項
thanksbank アプリ 22:44
4月5日(月)

2021/04/05
@tommykwさんから
@thanksbankさんへメッセージが届いてるよ！
サポートしてくれてありがとう！

2021/04/05
@tommykwさんから
@Slackbotさんへメッセージが届いてるよ！
協力してもらってありがとうございます！

2021/04/05
@tommykwさんから
@Slackbotさんへメッセージが届いてるよ！
おかげさまでうまくいきました！ありがとうございます！

2021/04/05
@tommykwさんから
@thanksbankさんへメッセージが届いてるよ！
おかげさまでうまくいきました！ありがとうございます！

2021/04/05
@tommykwさんから
@tommykwさんへメッセージが届いてるよ！
おかげさまでうまくいきました！ありがとうございます！

昨日
あなただけに表示されています
Slackbot 22:51
/thanks はエラー「operation_timeout」により失敗しました
#general へのメッセージ

#general
全社的なアナウンスと業務関連の事項
thanksbank アプリ 22:44
4月5日(月)
2021/04/05
@tommykwさんから
@thanksbankさんへメッセージが届いてるよ！
サポートしてくれてありがとう！
2021/04/05
@tommykwさんから
@Slackbotさんへメッセージが届いてるよ！
協力してもらってありがとうございます！
2021/04/05
@tommykwさんから
@Slackbotさんへメッセージが届いてるよ！
おかげさまでうまくいきました！ありがとうございます！
2021/04/05
@tommykwさんから
@thanksbankさんへメッセージが届いてるよ！
おかげさまでうまくいきました！ありがとうございます！
2021/04/05
@tommykwさんから
@tommykwさんへメッセージが届いてるよ！
おかげさまでうまくいきました！ありがとうございます！
昨日
あなただけに表示されています
Slackbot 22:51
/thanks はエラー「operation_timeout」により失敗しました
詳細
#general
追加
検索
通話を開始
その他
チャンネル情報
メンバー
ショートカット
ピン留めアイテム
ファイル

#general
全社的なアナウンスと業務関連の事項
thanksbank アプリ 22:44
4月5日(月)
2021/04/05
@tommykwさんから
@thanksbankさんへメッセージが届いてるよ！
サポートしてくれてありがとう！
2021/04/05
@tommykwさんから
@Slackbotさんへメッセージが届いてるよ！
協力してもらってありがとうございます！
2021/04/05
@tommykwさんから
@Slackbotさんへメッセージが届いてるよ！
おかげさまでうまくいきました！ありがとうございます！
2021/04/05
@tommykwさんから
@thanksbankさんへメッセージが届いてるよ！
おかげさまでうまくいきました！ありがとうございます！
2021/04/05
@tommykwさんから
@tommykwさんへメッセージが届いてるよ！
おかげさまでうまくいきました！ありがとうございます！
昨日
あなただけに表示されています
Slackbot 22:51
/thanks はエラー「operation_timeout」により失敗しました
詳細
#general
追加
検索
通話を開始
その他
チャンネル情報
メンバー
ショートカット
ピン留めアイテム
ファイル
通知設定を変更する
すべての新しいメッセージ
#general をミュートする
指定の日付に移動する
チャンネル名をコピー
アプリを追加する
投稿権限を管理する
その他のオプション

投稿に対して、リアクションやお返事ができるようになりました。リアクションやお返事を試して、サンクス一覧画面やサンクス詳細画面でそれらが表示されることを確認できます。

Deploy

Heroku環境のセットアップ

ここまでアプリケーションをローカル環境で表示していましたが、アプリケーションを公開したい場合があります。AWS、Herokuなどのクラウドサービスがありますが、今回はHerokuを用いて作成したアプリケーションをデプロイします。なお、RDBについてHeroku 上のPostgresSQLを利用して、GitHubリポジトリからHerokuでアプリケーションを使用します。

下記のURLからHerokuへログインします。

URL https://signup.heroku.com/login

アカウントがなければ作成してください。Heroku CLIを利用してデプロイするため、下記のURLからHeroku CLIをダウンロードします。

URL https://devcenter.heroku.com/articles/heroku-cli#download-and-install

そしてインストール後にHeroku上に当該アプリケーションを作成する必要があるため、ターミナルから下記のコマンドを実行してください。

```
$ heroku create thanks-bank
```

さらにGradleからプロジェクトを利用できるように、下記のタスクも追加します。

SAMPLE CODE build.gradle

```
task stage(dependsOn: ['installDist'])
```

GitHubに変更をpushしたタイミングでHeroku上のアプリケーションも更新する必要があるため、プロジェクトルートにProcfileを作成します。Procfileとは、Herokuのプラットフォーム上にあるアプリケーションのdynosにより実行されるコマンドが何であるかを宣言するためのメカニズムです。今回のアプリケーションのプロセスタイプ、実行するコマンドをルートディレクトリにProcfileを作成します。

SAMPLE CODE Procfile

```
./build/install/thanks-bank/bin/thanks-bank // パスはプロジェクトに応じて変更
```

設定が終わったら、`git push`をしてmasterブランチに反映し、Herokuプロジェクトに反映させます。

```
$ git push heroku master
```

Salesforce Platform
HEROKU
Jump to Favorites, Apps, Pipelines, Spaces...
Personal
thanks-bank
GitHub tommykw/thanks-bank master
Open app
More
Overview
Resources
Deploy
Metrics
Activity
Access
Settings
Free Dynos
Change Dyno Type
web ./build/install/thanks-bank/bin/thanks-bank
$0.00
Add-ons
Find more add-ons
Quickly add add-ons from Elements
Heroku Postgres
Attached as DATABASE
Hobby Dev
Free
Estimated Monthly Cost
$0.00

Salesforce Platform
HEROKU
Jump to Favorites, Apps, Pipelines, Spaces...
Personal
thanks-bank
GitHub tommykw/thanks-bank master
Open app
More
Overview
Resources
Deploy
Metrics
Activity
Access
Settings
Free Dynos
Change Dyno Type
web ./build/install/thanks-bank/bin/thanks-bank
$0.00
Add-ons
Find more add-ons
pos
Heroku Postgres
Draxlr for Postgres / MySQL
Trevor.io for Postgres / MySQL

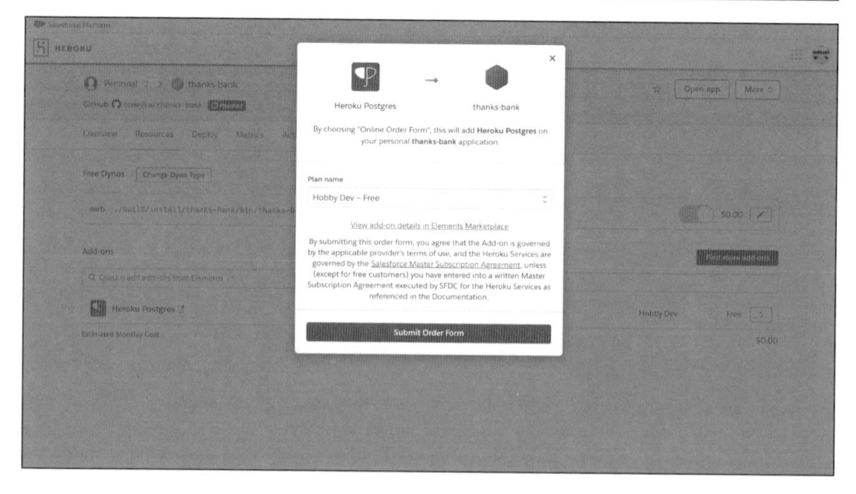
Heroku Postgres
thanks-bank
By choosing "Online Order Form", this will add Heroku Postgres on your personal thanks-bank application.
Plan name
Hobby Dev – Free
View add-on details in Elements Marketplace
By submitting this order form, you agree that the Add-on is governed by the applicable provider's terms of use, and the Heroku Services are governed by the Salesforce Master Subscription Agreement, unless (except for free customers) you have entered into a written Master Subscription Agreement executed by SFDC for the Heroku Services as referenced in the Documentation.
Submit Order Form

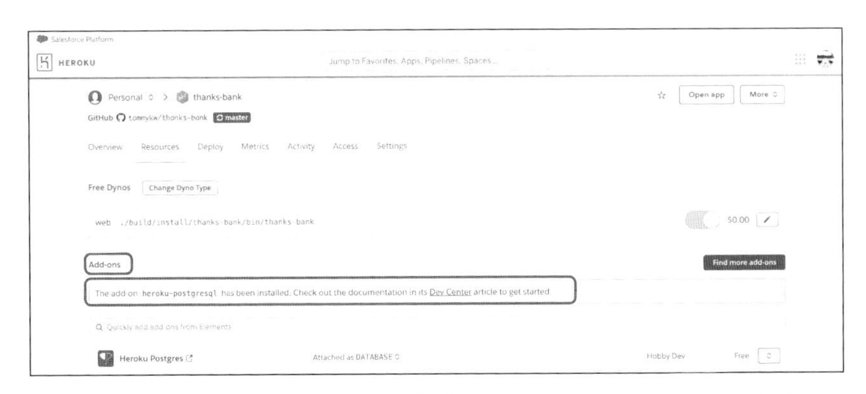

この時点でHerokuに新規プロジェクトが作成されているので、Herokuのページの「Overview」タブを見てみましょう。しかし、まだRDBの設定が終わっていません。Herokuページの「Configure Add-ons」を選択し、「Heroku Postgres」をアドオンとして追加します。Heroku上のPostgresは利用可能となりましたが、アプリケーション側のデータベースの環境変数が設定されていません。そこで、Herokuページの「Settings」タブから「Reveal Config Vars」にて、「DATABASE_URL」の環境変数を設定します。

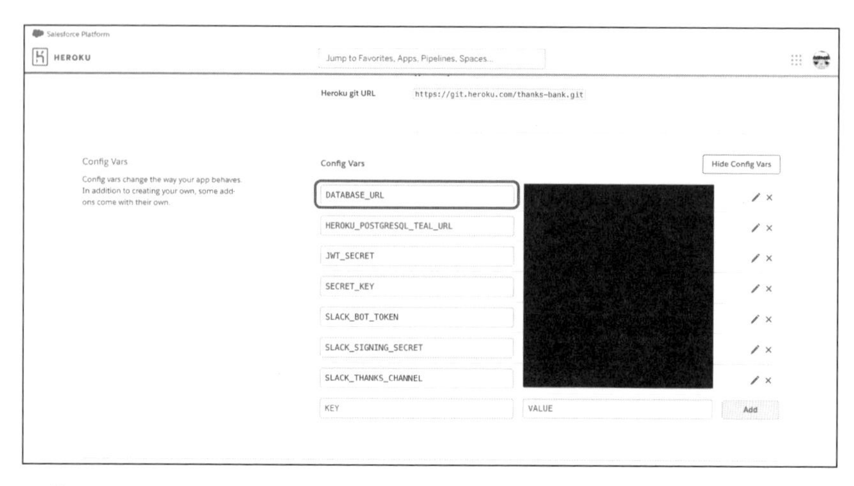

続いて、Herokuページの「Deploy」タブを選択し、「Deployment method」に対して、「Connect to GitHub」を選択します。GitHub上のリポジトリ名を選択する必要があるため、今回作成したアプリケーションを指定します。さらに、「Automatic delopys」にて、「Enable Automatic Delopys」を選択し、最後に「Manual deploy」にて「Deploy Branch」ボタンをクリックします。「Overview」タブに戻って、「Open App」ボタンをクリックしてみると、Heroku上で作成したアプリケーションが表示されます。

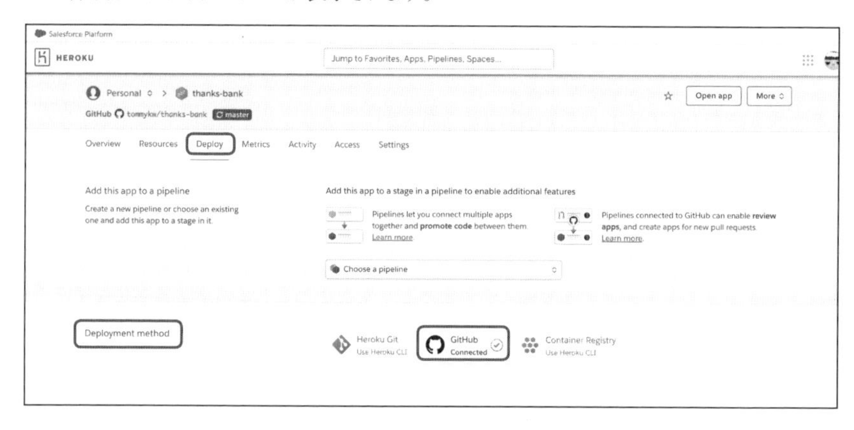

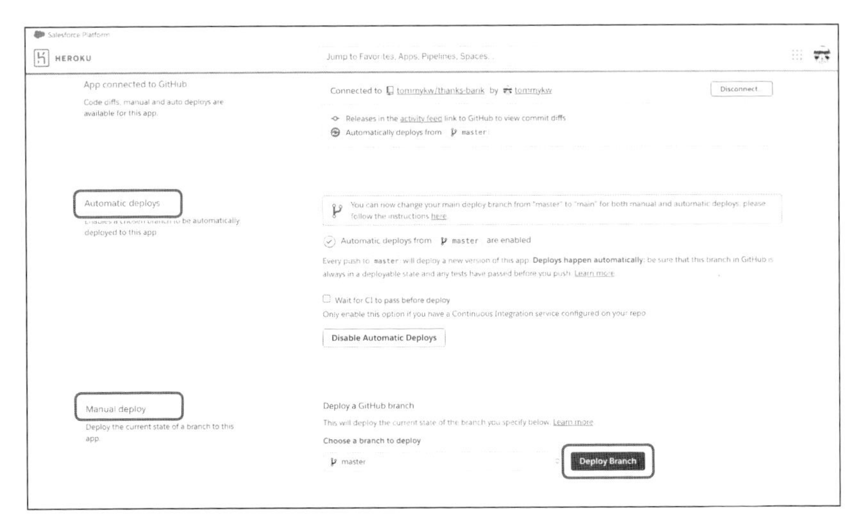

「Open App」ボタンからアプリが開けることを確認します。

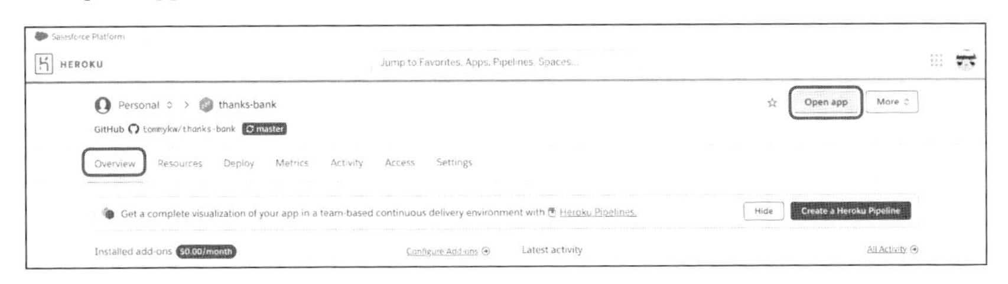

本章のまとめ

Ktorを用いてSlack連携のアプリケーションを開発することで、非同期フレームワークであるKtorについて体系的に学習しました。アーキテクチャはパイプライン仕様になっており、アプリケーションのセットアップ、ルーティングなどパイプラインごとに役割が定義されています。Ktorにはさまざまなコア機能があり、今回触れていませんが、認証、セッション管理、WebSoketなども提供されています。さらにテンプレートエンジンは、FreeMarkerだけなく、HTML DSLやCSS DSLも利用できます。最後にKtorは、簡単にテストしやすいよう設計されているので、ぜひチャンレンジしてさらにKtorの理解を深めてください。

INDEX

記号・数字

A

B

C

D

L

M

N

O

P

R

S

え

お

か

き

く

け

こ

さ

し

す

せ

そ

た

ち

つ

て

と

な

に

の

は

ひ

ふ

へ

ま

む

も

ら

る

れ

ろ

わ

■著者紹介

とみた けんじ
富田 健二　コネヒト株式会社所属のAndroidエンジニア。ママの一歩を支えるアプリ「ママリ」のAndroidアプリ開発を担当する。

編集担当：吉成明久 / カバーデザイン：秋田勘助（オフィス・エドモント）
イラスト：©robuart - stock.foto

基礎からわかる Kotlin

2021年5月20日　　初版発行

著　者　富田健二
発行者　池田武人
発行所　株式会社　シーアンドアール研究所
新潟県新潟市北区西名目所 4083-6（〒950-3122）
電話　025-259-4293　　FAX　025-258-2801
印刷所　株式会社　ルナテック

ISBN978-4-86354-291-4　C3055